JN035934

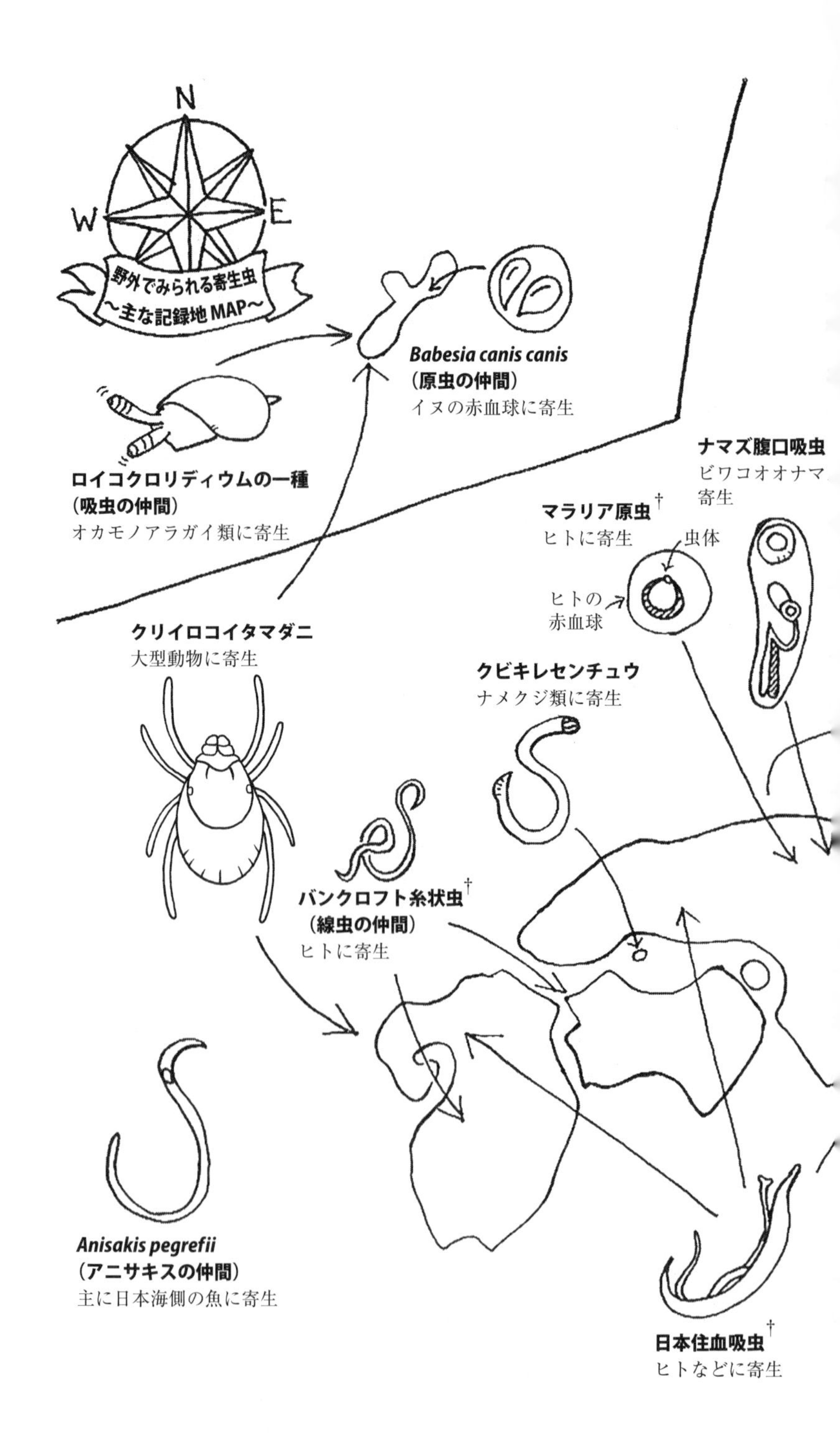
N
W
E
野外でみられる寄生虫
〜主な記録地MAP〜
Babesia canis canis
(原虫の仲間)
イヌの赤血球に寄生
ロイコクロリディウムの一種
(吸虫の仲間)
オカモノアラガイ類に寄生
ナマズ腹口吸虫
ビワコオオナマ
寄生
マラリア原虫†
ヒトに寄生
虫体
ヒトの
赤血球
クリイロコイタマダニ
大型動物に寄生
クビキレセンチュウ
ナメクジ類に寄生
バンクロフト糸状虫†
(線虫の仲間)
ヒトに寄生
Anisakis pegrefii
(アニサキスの仲間)
主に日本海側の魚に寄生
日本住血吸虫†
ヒトなどに寄生

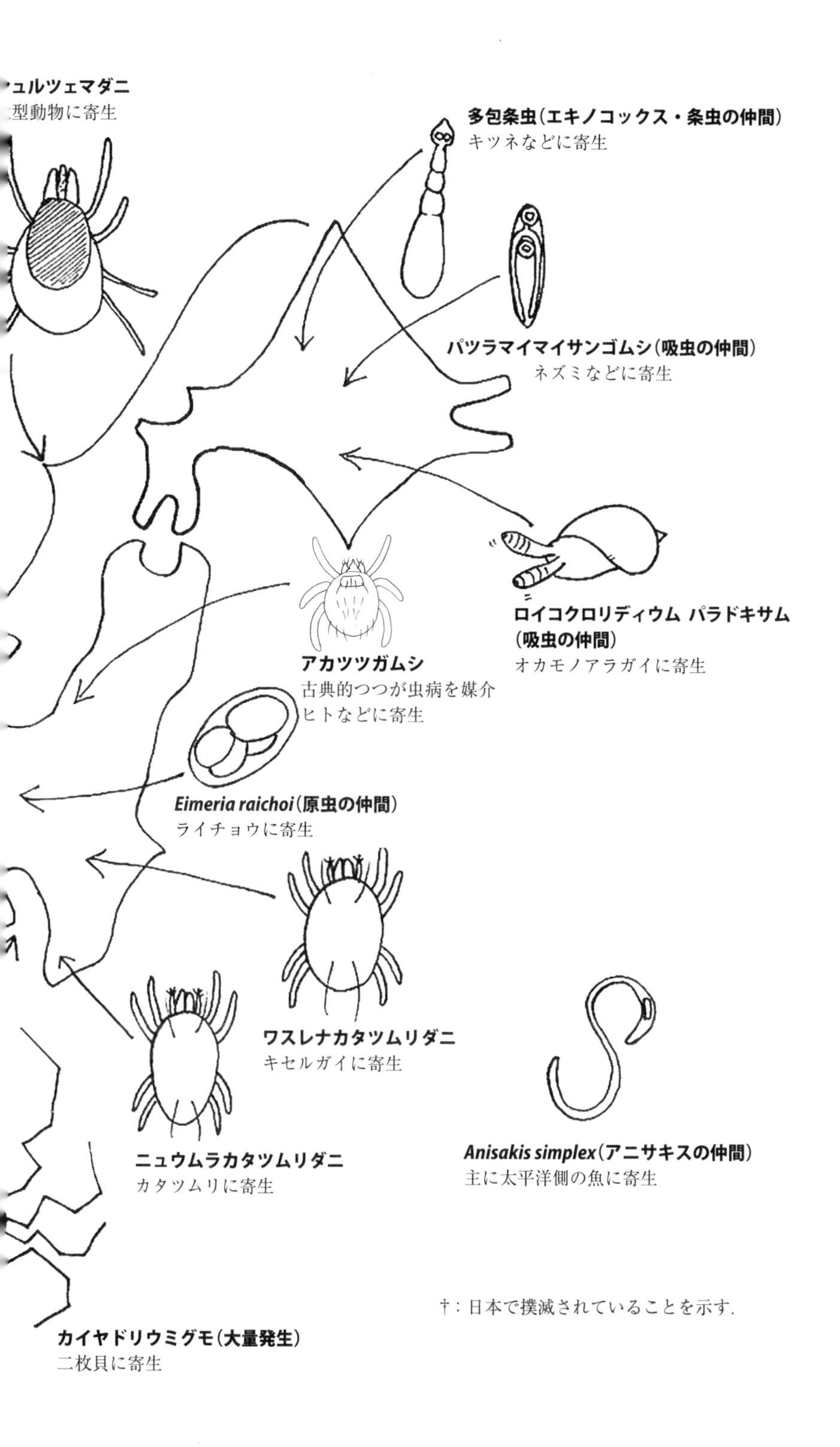
ュルツェマダニ
型動物に寄生
多包条虫(エキノコックス・条虫の仲間)
キツネなどに寄生
パツラマイマイサンゴムシ(吸虫の仲間)
ネズミなどに寄生
ロイコクロリディウム パラドキサム
(吸虫の仲間)
オカモノアラガイに寄生
アカツツガムシ
古典的つつが虫病を媒介
ヒトなどに寄生
Eimeria raichoi(原虫の仲間)
ライチョウに寄生
ワスレナカタツムリダニ
キセルガイに寄生
ニュウムラカタツムリダニ
カタツムリに寄生
Anisakis simplex(アニサキスの仲間)
主に太平洋側の魚に寄生
†：日本で撲滅されていることを示す.
カイヤドリウミグモ(大量発生)
二枚貝に寄生

①：マラリア原虫，②：トキソプラズマ，③：ロイコクロリディウム，
④：エキノコックス（ネズミに幼虫，キツネに成虫），⑤：日本住血吸虫，
⑥：日本海裂頭条虫，⑦：ハリガネムシ，⑧：犬糸状虫，⑨：アニサキス，
⑩：マダニ

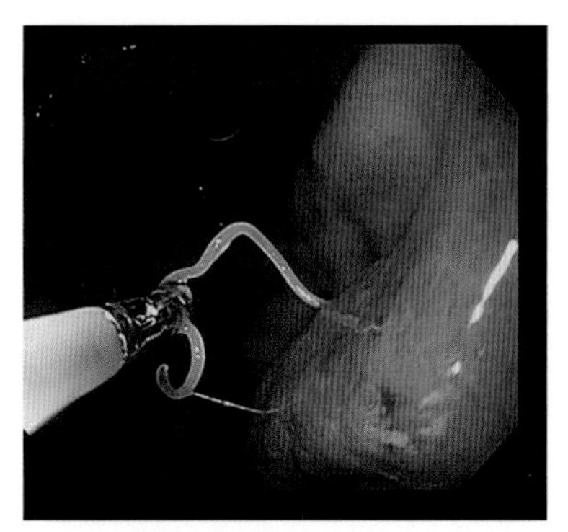

口絵 1　内視鏡で確認されたアニサキス幼虫（本文 p.32／提供：荒井俊夫博士）

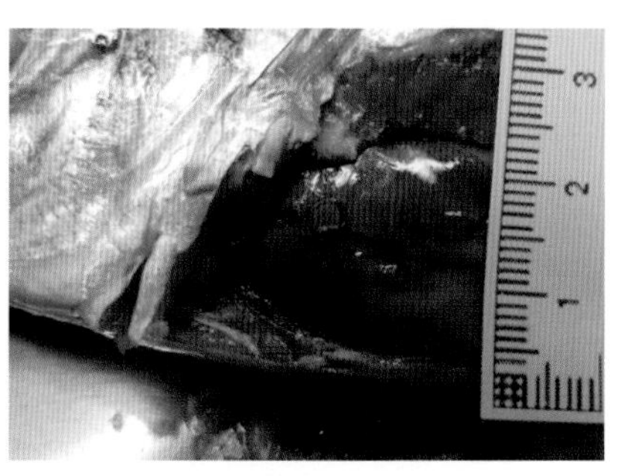

口絵 2　マアジの肝臓表面にみられるアニサキス幼虫（本文 p.33／提供：常盤俊大）

口絵 3　タイノエの雌（左）と雄（右）（本文 p.35 参照／提供：脇司）

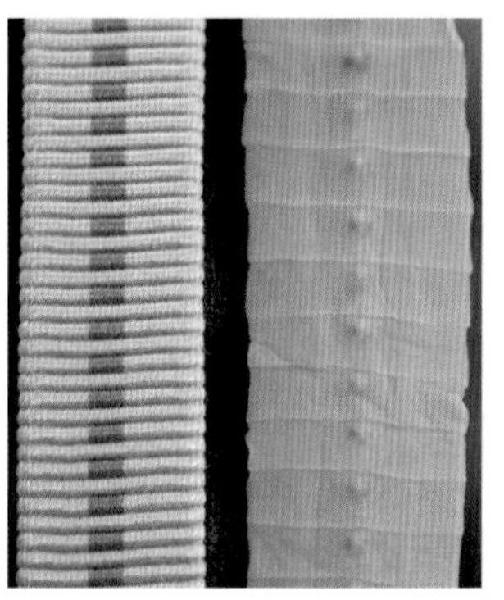

口絵 4　真田紐（左）と日本海裂頭条虫（右）（本文 p.37／提供：柳田哲矢）

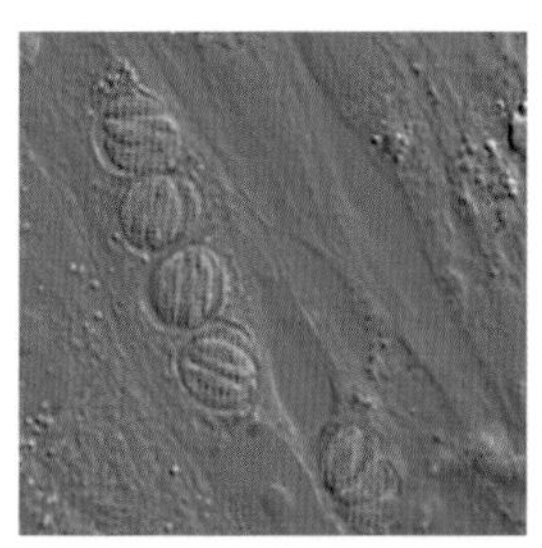

口絵 5　トキソプラズマ細胞（赤色で着色；本文 p.48／提供：松原立真）

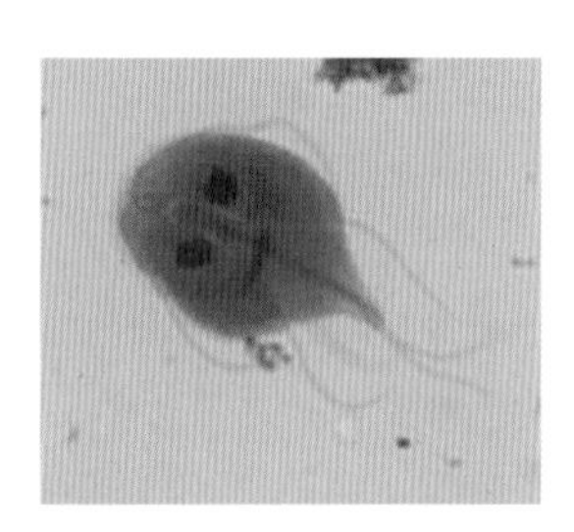

口絵 6　ランブル鞭毛虫（本文 p.58 参照／国立感染症研究所 HP より転載）

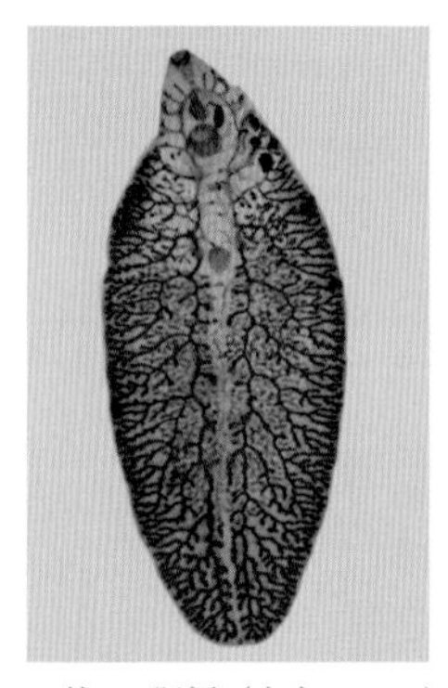

口絵 7　肝蛭（本文 p.74／提供：関まどか）

口絵 8　タカサゴキララマダニ（左），シュルツェマダニ（中），キチマダニ（右）（本文 p.79／提供：森田達志）

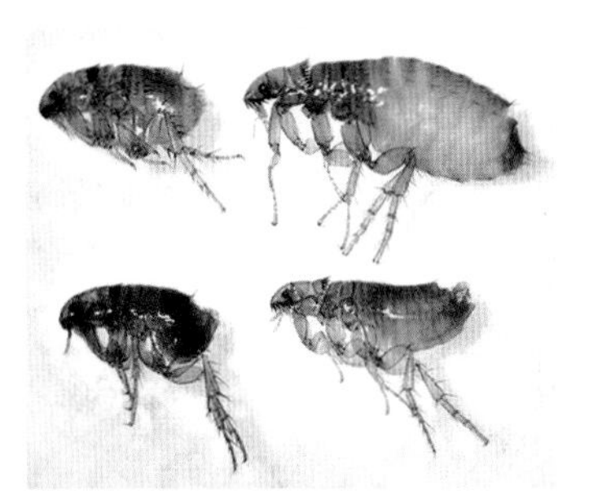

口絵 9　ネコノミ（本文 p.81／提供：森田達志）

口絵 10　魚に寄生したウオノカンザシ属（寄生性カイアシ類の一種；本文 p.86 参照／提供：上野大輔）

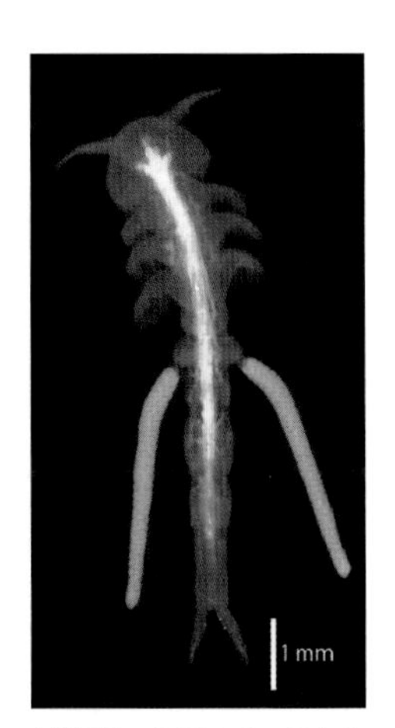

口絵 11　サザエノハラムシ（寄生性カイアシ類の一種；本文 p.86 参照／提供：上野大輔）

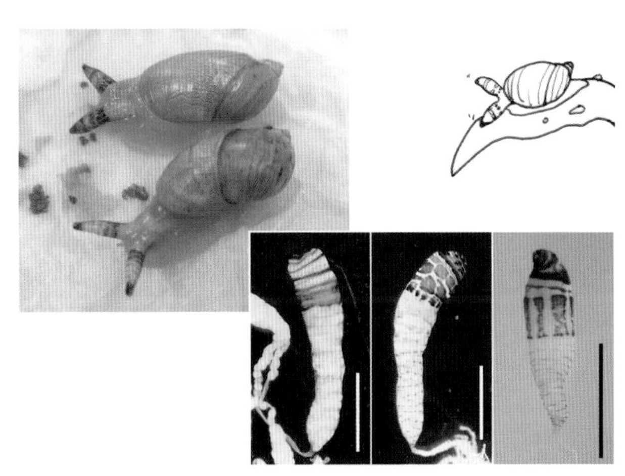

口絵 12　上：ロイコクロリディウム感染オカモノアラガイ，下：ブルードサックの種による色の違い（本文 p.89 参照／提供：佐々木瑞希）

口絵 13　クモヒトデに寄生したホソスジハナゴウナ（寄生貝の一種；本文 p.93 参照／提供：髙野剛史）

口絵 14　『病草紙　異本』に描かれた両下肢の象皮病患者（本文 p.98 参照／国立国会図書館デジタルコレクションより転載）

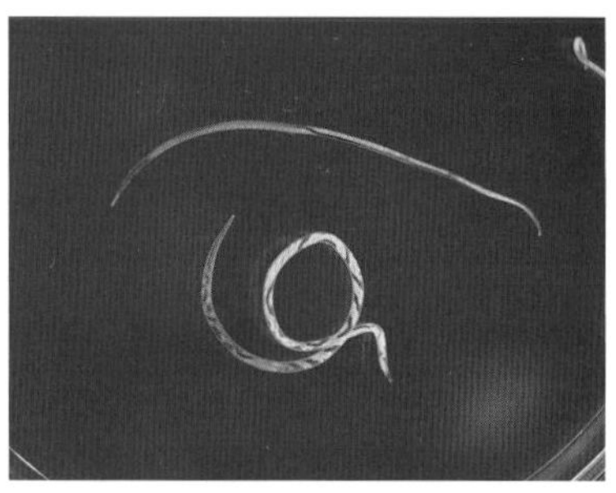

口絵 15　広東住血線虫の雄成虫（上）および雌成虫（下）（本文 p.104 参照／提供：常盤俊大）

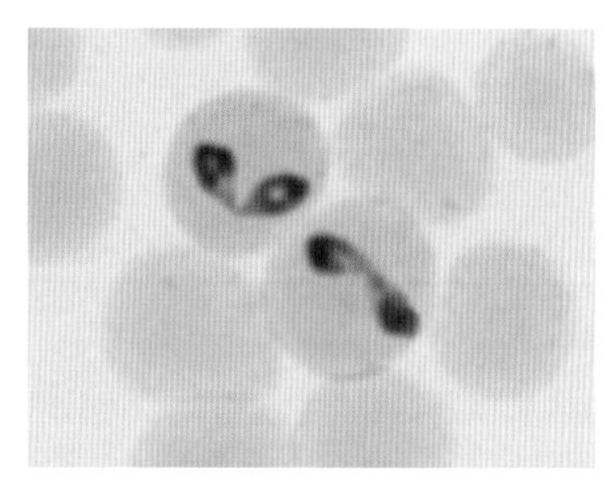

口絵 16　牛のバベシア *B. bovis*（本文 p.109／提供：麻田正仁）

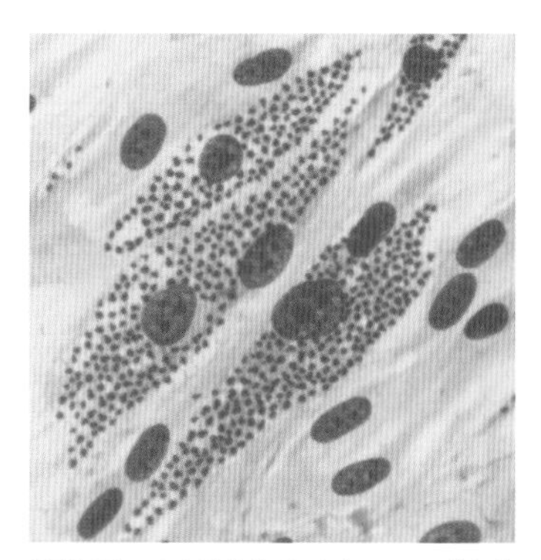

口絵 17　アメリカトリパノソーマ（本文 p.120／提供：奈良武司）

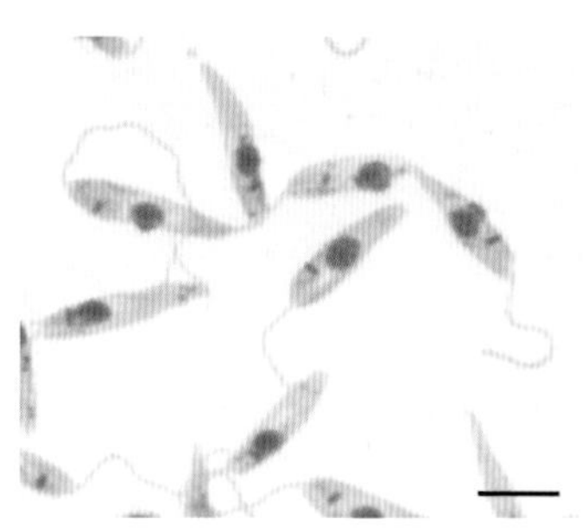

口絵 18　リーシュマニア（本文 p.121／提供：三條場千寿）

寄生虫のはなし

—この素晴らしき，虫だらけの世界—

永宗喜三郎
脇　　　司
常盤　俊大
島野　智之
［編］

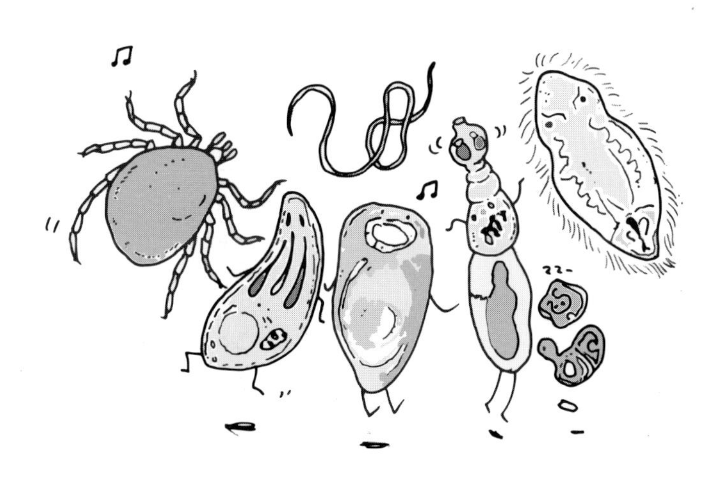

朝倉書店

執 筆 者

*永 宗 喜 三 郎	国立感染症研究所 寄生動物部
*脇　　　司	東邦大学 理学部
*常 盤 俊 大	日本獣医生命科学大学 獣医学部
*島 野 智 之	法政大学自然科学センター／国際文化学部
柳 田 哲 矢	山口大学 共同獣医学部
松 崎 素 道	理化学研究所 革新知能統合研究センター
吉 田 彩 子	宮崎大学 農学部
松 原 立 真	ベルン大学 細胞生物学研究所
松 林　　誠	大阪府立大学 大学院生命環境科学研究科
津久井久美子	国立感染症研究所 寄生動物部
橘　　裕 司	東海大学 医学部
盛 口　　満	沖縄大学 学長
熊 谷　　貴	東京医科歯科大学 大学院医歯学総合研究科
関　まどか	岩手大学 農学部
松 本　　淳	日本大学 生物資源科学部
森 田 達 志	日本獣医生命科学大学 獣医学部
浅 川 満 彦	酪農学園大学 獣医学群
上 野 大 輔	鹿児島大学 大学院理工学研究科
佐々木瑞希	旭川医科大学 医学部
髙 野 剛 史	目黒寄生虫館
高 木 秀 和	愛知医科大学 医学部
麻 田 正 仁	帯広畜産大学 原虫病研究センター
佐 倉 孝 哉	長崎大学 熱帯医学研究所
案 浦　　健	国立感染症研究所 寄生動物部
奈 良 武 司	医療創生大学 薬学部
三 條 場 千 寿	東京大学 大学院農学生命科学研究科
丸 山 治 彦	宮崎大学 医学部
濱 野 真 二 郎	長崎大学 熱帯医学研究所
小 林 富 美 恵	麻布大学 生命・環境科学部
狩 野 繁 之	国立国際医療研究センター研究所 熱帯医学・マラリア研究部

（執筆順，*は編者）

まえがき

みなさんは寄生虫という生き物をご存知だろうか．言葉としては聞いたことがあっても，実際に見たことがあると認識している方はあまりいないのかもしれない．しかし，世の中の「生き物」のほとんどすべての種には，それらに寄生して生きている寄生虫が存在していることが知られている．しかもひとつの種に対して寄生虫は複数種存在している場合が多い．さらに中には「寄生虫に寄生する寄生虫」もいるので，実は世の中の生き物の約半数は寄生虫であるという計算が成り立つ．そしてほとんどすべての生き物には実際に寄生虫が寄生している（それは実は人類についても当てはまる）．さらに詳しくは本文中で述べるが，寄生虫は寄生先の生き物（宿主（しゅくしゅ）という）の行動を変化させることも最近わかってきた．つまりあなたが今まで見てきた「生き物」は，単一の生物ではなく，実は「生き物とそこに寄生している寄生虫」の複合体を見ていたということになる．つまりこの世界の生物学を理解するということは，「生物＋寄生虫」を理解するということに他ならない．言い換えると，寄生虫を理解することなしに生物学は成り立たないのである．

そうはいっても，みなさんの中には「寄生虫なんて，私と関係のない生き物だし……」「そもそも不要な生き物では……？」と思われる方も少なからずいるのではないだろうか．ところが寄生虫は，実は私たちの身近にたくさんいる．例えば公園，みなさんの家の周辺，近くの海岸，学校のキャンパスだ．そういった場所の昆虫や鳥などの動物に，寄生虫がかなりの確率でついている．それらは人間に感染するようなことはなくひっそりと，しかし次の世代を遺すため必死に生きている．今世紀になって，そういった寄生虫の存在が，まるでバタフライエフェクトのように連鎖して生態系の見た目を変えたり，生態系の微妙なバランスをとっていたりする可能性が高いことがわかってきた．そう，寄生虫は「不要なもの」ではなく，私たちの暮らす地球号のれっきとした一員なのである．また，世界には寄生虫を原因とする人の病気が数多く蔓延し，日本を含めた様々な政府や機関が対策を急ピッチで進めている．さらに，私たちの食べものとなる魚や貝が寄生虫病で大量死することも少なくない．こういったことを聞いてしまえば，もはや寄生虫は「私たちに関係ない生き物」とは言えないのではないだろうか.

本書は世界をまたにかけて活躍している精鋭の若手寄生虫学者が集まり，各々の専門分野についてわかりやすく解説することで，広く一般の人たちに寄生虫の魅力を紹介しようとして企画された. また本書は一般の人たちのみならず，医療・衛生関係，農業や水産畜産業，行政といった分野に従事されている方々や，高専や大学等で教育や研究に従事されている方が寄生虫学を理解する際のテキストとして充分役立つ内容となっている. 書店でたまたま本書を手に取ってくれたみなさん，特に将来日本の科学の発展を担ってくれる若い人たちに，寄生虫の魅力が伝わり，そう遠くない将来，著者らのあとに続いて寄生虫学という広大な未知の世界の旅人となってくれる人がでるきっかけとなれば，そしてその時でもなお，本書がその旅人の道標となってくれていれば，著者にとってこれ以上の喜びはない.

永宗喜三郎・脇　司

本書の口絵を始め，あちこちに掲載されているユーモラスなイラストは西澤真樹子氏によるもので，寄生虫が怖いものであるというイメージを変えようとする編者らの思いを汲んでいただきとても愉快なイラストを描いていただきました. 大変感謝致します. また，寄生虫の生活環は信州大学の鈴木智也博士に，大変わかりやすいものを描いていただきました. 寄生虫学を理解する上で最大の関門は種ごとに異なる生活環の理解です. 鈴木博士のご協力により，そのハードルをかなり下げることができました. 感謝致します. 第1章の図の多くは，筑波大学大学院生の高木綾湖さんに描いていただきました. 著者のひとり永宗の走り書きの意図をきちんと汲んでいただき，永宗の頭の中にあったものをほとんど完璧に再現していただきました. ありがとうございます.

また，朝倉書店編集部のみなさまのご助力なしに本書は刊行できませんでした. 編者全員からの気持ちとして，ここで改めて感謝申し上げます.

2020年9月

永宗喜三郎・島野智之・脇　司・常盤俊大

目　　　次

コラム目次

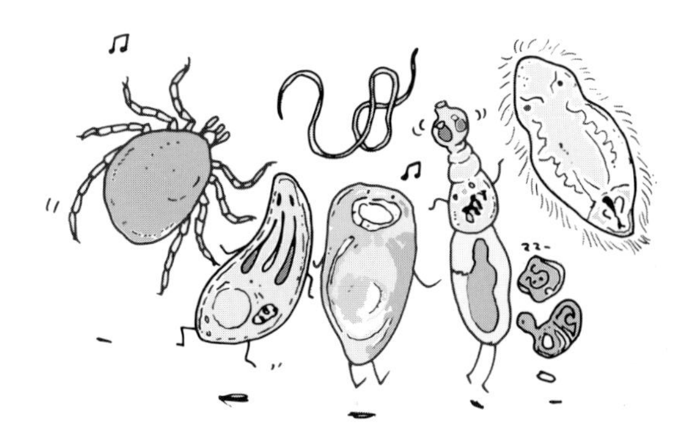

第1章 寄生虫ってなに？

1.1　寄生とはなにか？

これからしばらく，みなさんと「寄生虫」について学んでいくわけだが，最初に「寄生」とは何かということについて考えていくことにしよう．みなさんは映画やドラマで「このろくでなしの寄生虫が！」みたいな台詞に出くわしたことはないだろうか．そしてこの場合の「ろくでなしの寄生虫」は自分ではまったく働かず，パートナーが稼いだお金でお酒を買っていつも飲んだくれていたのではないかと思う．さらにその「ろくでなしの寄生虫」は稼いでくれているパートナーに危害を加えていたことだろう．これがみなさんのもつ寄生虫のイメージに近いのではないだろうか．つまり，ヒトの身体の中に入り込んでヌクヌクと日々を過ごし，自分で餌を探したり捕まえたりすることはなくヒトが頑張って手に入れた食べ物や養分をこっそり失敬し，そのくせヒトに病気を起こしたりもする…….まあ「寄生虫に寄生して生きている」寄生虫学者としてお答えするとそのイメージは「当たらずも遠からず」というところであろう．ただ1つだけ，映画やドラマの「寄生虫」と違って実際の寄生虫たちは「寄生環境」に適応し，自身の増殖に必要な栄養を得るため，実に涙ぐましい努力をしているし，巧妙な寄生虫ほど，ヒトに危害を加えたりしないものなのである．そのあたりを本書で解説していくので，彼らの生きていく上での苦労や巧妙さを感じ取っていただければ筆者としてこの上ない喜びである．

さて，よく似た言葉として「共生」というものがあることを生物学の授業などで学んだことがある人もいるだろう．その時に共生の例としてホンソメワケベラとクエの話を聞いた人も多いだろう．クエのような大型魚は，ホンソメワケベラという小さな魚に口の中に残っている食べかすなどを食べてもらうというのだ．そしてホンソメワケベラは食物を入手でき，クエは自分を掃除してもらい口の中をすっきりさせてもらうのだそうだ．美しい話だ．先ほどの飲んだくれとはまったく違うように思える．しかし，先ほどの飲んだくれとパートナーの関係である寄生と，このホンソメワケベラとクエのような関係である共生は，パッと想像した感じ正反対の関係のように見えるが，実は両者の間に本質的な違いは「ない」のである．本来，「寄生」も「共生」も，「広い意味での共生」なのだ（図1.1）．「広い意味での共生」を表すいい日本語がないので複雑に思えるが，「広い意味での共生」の中で，両方に利益がある生き方を相利共生といい，片方のみに利益があるものを片利共生という．片利共生は利益のない方には損も得もないのだが，片方のみに利益があってさらにもう片方に害悪がある場合のことを寄生と呼んでいるのだ．しかしこれらの定義は実は結構曖昧で，筆者から見るとかなり自分勝手な分け方に感じられる．例を挙げてみよう．コバンザメはジンベイザメなどの大型魚類に吸着して移動し，さらに大型魚類の食べ残しを食べて生きている．この関係は一般的にはジンベイザメには害がないと考え片利共生の例として挙げられることが多いのであるが，コバンザメにくっつかれたジンベイザメは泳ぎにく

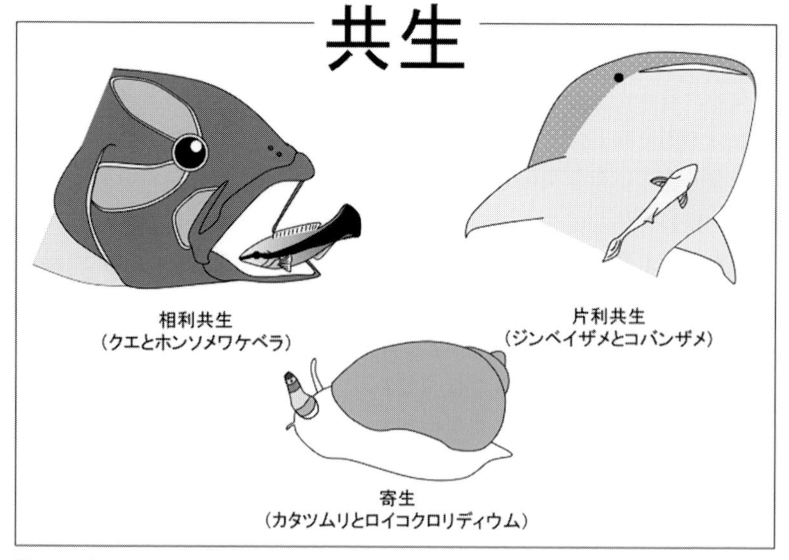

図1.1　寄生と共生（相利共生，片利共生など）はどちらも「広い意味での」共生に含まれる（イラスト：高木綾湖）

くなったり，妙なものにくっつかれていやな思いをしたりしていないのだろうか．もしそうであるならばこの関係は寄生となる．また，ジンベイザメの体表に同じく付着している寄生性の甲殻類をコバンザメが食べてしまうこともあるだろう．もしあればこの関係は相利共生となる．つまりジンベイザメとコバンザメの関係性は本人達に聞いてみないとわからないはずである．飲んだくれに「寄生」されているパートナーだって，実は飲んだくれのことが好きで好きでたまらないのであれば，それは寄生関係ではなく，相利共生なのだ（どちらであるかは，パートナーの本心を確認してからでないと断言できない）．このように寄生と共生は，それぞれの気持ちによって関係性が変化する実に曖昧で，ある種感覚的なものである．このような事情により最近では，寄生も「狭い意味での」共生もすべてをひっくるめて，「共に関係し合って生きていく」という生きざまのことを共生と呼んでいる．

1.2 寄生虫とはなにか？

寄生虫とは病原体の一種である．そして病原体とはヒトや動物に病気を起こす能力がある生き物のことだ．病原体には大きく分けて，ウイルス（エボラウイルスやインフルエンザウイルスなど），細菌（コレラ菌や赤痢菌など），真菌（ミズムシ菌やカンジタなどいわゆるカビ），寄生虫の4種類がある．これらの中で，真菌と寄生虫のみが「真核生物」だ．真核生物というのは，DNAが核膜に包まれている生物のことでヒトやサクラやイソギンチャクなど目に見える多細胞生物はすべて真核生物だ．つまり寄生虫という生き物には病原体のうちカビ以外のすべての真核生物が含まれていて，マラリアを起こす病原体のような直接目に見えず顕微鏡でしか見ることのできない小さな生物から，サナダムシのような体長10m近くになるものまで非常に多様なグループなのである．このような複雑さが，筆者たち寄生虫学者が寄生虫に魅惑される理由の1つでもあろう．

ところで最近，真核生物はいくつかのグループ（スーパーグループと呼ばれる）に分類できることがわかってきた．最新の分類では真核生物のスーパーグループは，オピストコンタ，アメボゾア，ディスコバ，メタモナダ，アーケプラスチダ，SARの6つに分類できることがわかってきた（矢﨑・島野，2000）（図1.2）．筆者もそうなのだが，一昔前の生物学を学んできた人は，生き物というのはアメーバのようなものから始まって，それがだんだんと粘菌，海生無脊椎動物，魚類，

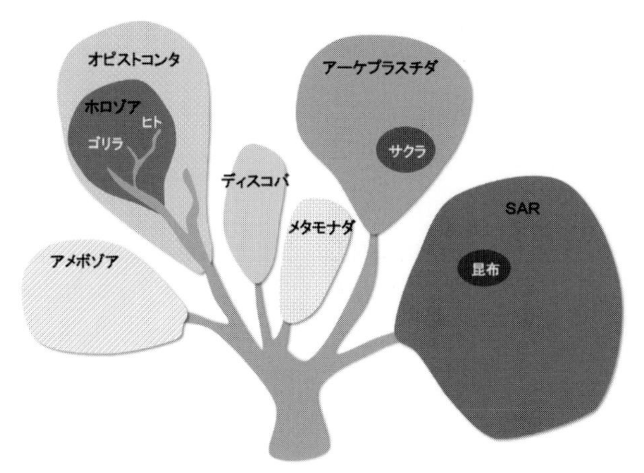

図1.2　真核生物の「スーパーグループ」

両生類，爬虫類，哺乳類，ヒトというように進化してきて，人類以外の現存の生物というのは進化の過程で取り残され，そのまま進化をやめてしまった生き物である，というようなイメージをもっている人も多いのではないかと思う．しかし実際はそうではなくて，真核生物は共通の祖先（仮にリーカと呼ばれている）から，6つくらいの少数に枝分かれして（6つと断定しないのはスーパーグループの数が科学の進歩によってしょっちゅう変更されるからだ．たとえば2018年まではディスコバとメタモナダはエクスカバータという1つのスーパーグループだった），そこから同じ年月をかけて別々の方向に進化，適応してきたということが明らかになってきた．つまりヒトもアメーバも同じ時間をかけて今のヒトやアメーバに進化してきたのだ．ただその進化の方向性がヒトとアメーバとで異なっているだけなのだ．

さて，ここでもう一度図1.2を見ていただきたい．ヒトという生物はもちろんチンパンジーやゴリラといった「サル」と同じグループに属している．そしてサルの仲間はオピストコンタというスーパーグループの中のホロゾアというグループから枝分かれして進化してきている．これは「アーケプラスチダの中のサクラ」や「SARの中の昆布」など，すべての生物に共通だ．ところが，寄生虫というグループはすべてのスーパーグループに独立して存在していることを大きな特徴とする．これの意味するところは，真核生物の共通祖先リーカから枝分かれしてきた6つ程度の少数のスーパーグループの祖先のすべてが，進化のどこかの時点で「寄生する生き方」に魅力を感じ，寄生虫になっていったと考えられるということである．寄生する生き方というのはそんなに魅力的なものなのだろうか．これについては後ほど（1.7 節）考えていこう．

さて，先ほど述べた通り，寄生虫という生き物は非常に多様である．そこで分類学者たちは，寄生虫を見た目でさらに分類した．まず，顕微鏡でしか見ることのできない寄生虫たちは「原虫」と呼ばれている．原虫はすべて1つの細胞だけで生きている単細胞生物だ．原虫に対して複数の細胞で生きている多細胞生物は大きく2つに分けられる．1つはみなさんが寄生虫と聞いてイメージするなにかニョロニョロした感じの寄生虫だ．それらの生物は「蠕虫（ぜんちゅう）」と呼ばれる．「蠕」とは，這うとかちょっと動くとかそんな意味の漢字である．蠕虫はさらに形態的特徴によって，線虫，条虫，吸虫などに分けられる．一方でもう1つの多細胞生物である寄生虫は，ダニやノミなどの節足動物や植物，キノコ，貝など「蠕虫」でないものだ（2.3.1 項，*Column* 6，*Column* 11 参照）．

1.3　日本に寄生虫はいるの？

まずは図 1.3 を見ていただきたい．このグラフは日本全国各地の検便から寄生虫の卵（寄生虫の卵という意味で虫卵という）が見つかった割合の推移を示している（影井，2006）．ちなみに 1927（昭和 2）年から 1996（平成 8）年のデータである．昭和初期には日本人の実に7割が腸管に寄生虫の感染を受けていた．その後，行政を中心とした努力が実り，第二次世界大戦中の 1943 年にはその割合は

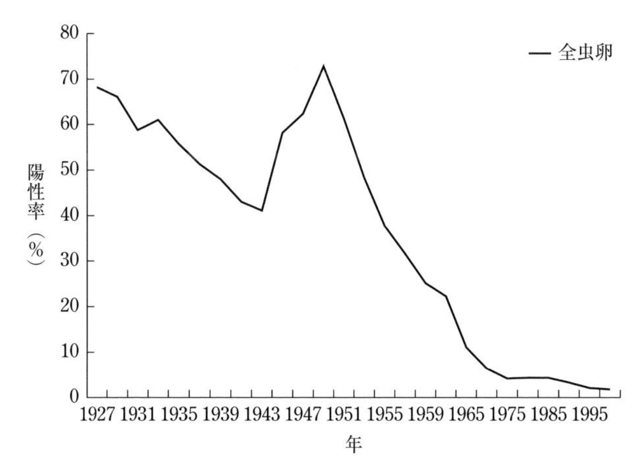

図 1.3　検便からの寄生虫卵陽性率の推移（影井，2006 を改変）

約4割にまで下降した．しかしその後は一転して感染率は上昇し，戦後4年を経過した1949年には73.1％にまで達した．その年をピークにその後は再び減少に転じ，1996年には1.81％と日本において腸内寄生虫はほぼ消滅した．この流れを受けて2016年4月から全国の小学校で長い間続けられてきた「蟯虫(ぎょうちゅう)検査」の義務が廃止され，任意の検査となった．今この本を読んでくれているみなさんは，使用例に描かれた天使ちゃんの絵や，お尻にセロハンをペッタンと貼り付けられる蟯虫検査の記憶をまだおもちだろうが，それも近い将来過去のものとなるのかもしれない．

また，マラリアという病気をご存じだろうか．マラリア原虫（*Plasmodium* spp.）という寄生虫が引き起こす感染症で，今でも年間2億人の新規発症者と44万人以上もの死者を出す世界的な大問題であり，エイズ（AIDS），結核と並び「世界三大感染症」と呼ばれる恐ろしい病気である（詳しくは2.4.1項を参照）．このマラリアという感染症が，日本にもあったことをご存じだろうか．古くは一休宗純（一休さん）や平清盛の死因はマラリアだったといわれているし，実際，1935年前後の沖縄を除く患者数は年間2万人もいた（森下，1963）．それが第二次世界大戦後の1946年には，外国からの復員兵が持ち込んだことで約2万5000人にまで上昇した後は一貫して減少し，1960年台初頭にはほぼ撲滅された（図1.4）．沖縄でも同様に1960年台前半には新規患者の発生はほぼ収束し，日本土着のマラリア原虫は駆逐された．

ここまで，腸内寄生虫とマラリア原虫を例にとって日本が寄生虫症を克服して

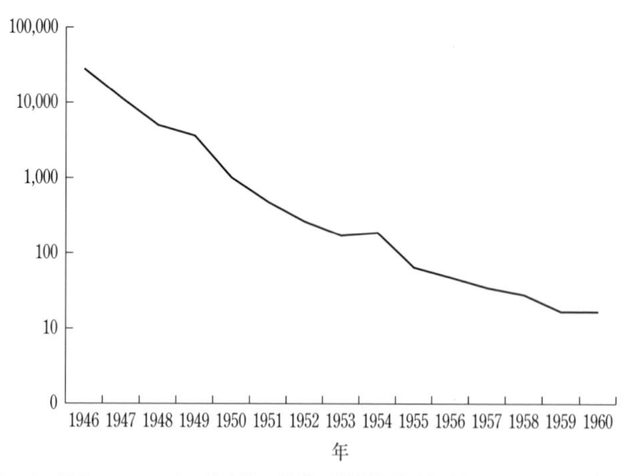

図1.4　日本でのマラリア発生数の推移（沖縄を除く）（森下，1963より作成）

いく様子を紹介してきた．これはなにもこの2つに限った話ではなく，日本は多くの恐ろしい寄生虫症を克服してきた．たとえばフィラリア（2.3.4項）や日本住血吸虫（2.2.4項）を見ていただければ先人の努力を感じることができるだろう．しかし，寄生虫の中には一度滅ぼされかけたにもかかわらず，そこから復活したものや，今まで病気を起こすことが知られておらず，21世紀になって初めて病原寄生虫の仲間入りをしたものもいる．前者のことを再興寄生虫症，後者のことを新興寄生虫症と呼ぶ．

このように，ヒトに感染して病気を起こす寄生虫は日本では減少傾向にあるが，動物ではどうだろうか．かつては飼育犬で普通にみられたフィラリア（犬糸状虫）（2.3.4項）や回虫は，飼育環境の改善や飼育者の意識向上により都心部では見かけることがまれとなった．他方で，外飼の犬猫や，家畜，輸入動物，野生生物に目を向けると何かしらの寄生虫を保有していることもまれではなく，野山に行けばマダニやヤマビルなどの外部寄生虫にも出くわす．無害なものだけではなく中にはヒトにも感染して病気を起こす人獣共通寄生虫が含まれており，実はヒトへの感染が減ったというだけで日本は今でも寄生虫に満ちあふれているのだ．巻末の付録を参考に，みなさんも寄生虫探索などしてみてはいかがだろう．

1.4　海外旅行へ行くときに気をつけないといけないのはどんな寄生虫？

前節でお話しした通り，今の日本ではヒトの寄生虫感染症は一部を除いてほとんど問題にならない．しかし，このグローバル化された現在，地球レベルで眺めてみると景色はまったく異なってくる．表1.1には，世界的にみた主な寄生虫症の推定患者数をまとめてある（Bush *et al.*, 2001）．前節で出てきた，日本からほとんど駆逐された腸内寄生虫（鉤虫，回虫，鞭虫）は，のべ40億人に近い感染者（2001年の世界の総人口は61億人と推定されている）があり，マラリア，フィラリア症，住血吸虫症もそれぞれ3億，1億，2億人もの患者が発生している．いうまでもなく世界的な大問題なのだ．「私は日本人だから関係ありません」ではすまない問題だと筆者は考えるが，みなさんはいかがだろう．

特に寄生虫症が問題となるのはいわゆる開発途上国だ．図1.5は1994年のマラリアによるリスクと1995年の国民ひとりあたりのGDP（国民総生産；ここでは金持ち度合いを表す指標と思ってもらえばいい）を国ごとに対比した図だ（Gallup and Sachs, 2000）．見てもらえばおわかりのように，マラリアによるリスクが高

表1.1　世界的にみた寄生虫症の推定患者数（Bush *et al.*, 2001）

寄生虫症	罹患患者数（億人）	主な分布地域
鉤虫症	12.98	全世界
回虫症	14.72	全世界
鞭虫症	10.5	全世界
糞線虫症	0.7	全世界（特に熱帯，亜熱帯）
オンコセルカ症	0.18	中南米，サハラ以南のアフリカ
フィラリア症	1	アジア，南西太平洋
住血吸虫症	2	アジア，アフリカ
肺吸虫症	0.21	アジア，南アフリカ
アメーバ症	>5	全世界
マラリア	3	アジア，中南米，サハラ以南のアフリカ
リーシュマニア症	0.8	アジア，中南米，サハラ以南のアフリカ
シャーガス病	0.18	中南米
アフリカ睡眠病	0.2	サハラ以南のアフリカ
ランブル鞭毛虫症	2	全世界

表1.2　海外旅行者が注意すべき寄生虫症とその流行地域

寄生虫疾患		主な流行地域
経口感染	腸管寄生虫症 （回虫症，ランブル鞭毛虫症，アメーバ赤痢など）	開発途上国全域
昆虫媒介	マラリア	熱帯，亜熱帯地域
	リンパ系フィラリア症	アジア，アフリカ，中南米，西太平洋
	回旋糸状虫症	熱帯アフリカ，中南米
	ロア糸状虫症	熱帯アフリカ
	アフリカトリパノソーマ症（睡眠病）	熱帯アフリカ
	アメリカトリパノソーマ症（シャーガス病）	中南米
	皮膚・粘膜リーシュマニア症	中近東，アフリカ，中南米
	内臓リーシュマニア症	アジア，中近東，アフリカ，中南米
皮膚から感染	日本住血吸虫症	アジア
	マルソン住血吸虫症	中近東，アフリカ，中南米
	ビルハルツ住血吸虫症	中近東，アフリカ

い（色が濃い）ほど1人あたりのGDPが低く（色が薄い），マラリアリスクが低いほどGDPが高くなる，いわゆる逆相関の関係が非常に強く成り立っている．この事実からいえることは，マラリアが問題となるのは大体貧しい国である，という残酷な事実だ．これはマラリアに限らず多くの寄生虫症や熱帯病でも同じことがいえる（2.4.5項）．また2.1.2項で紹介しているアジア条虫などのように，熱帯地域から日本に持ち込まれ突然流行が始まるということも実際あるのだ．やは

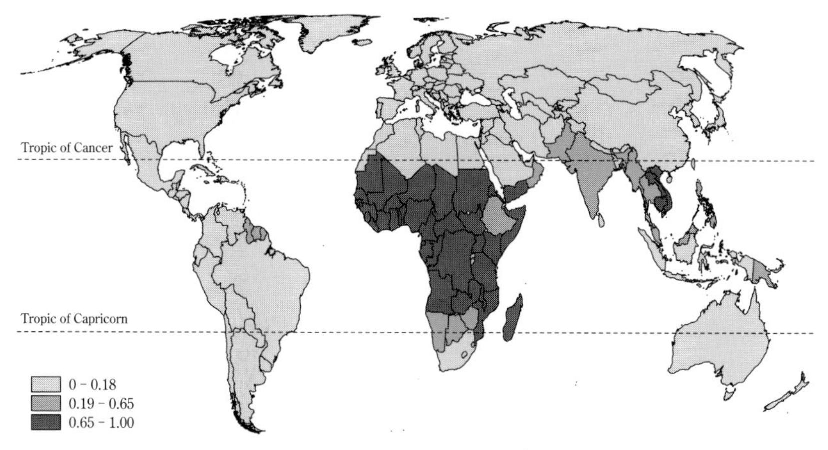

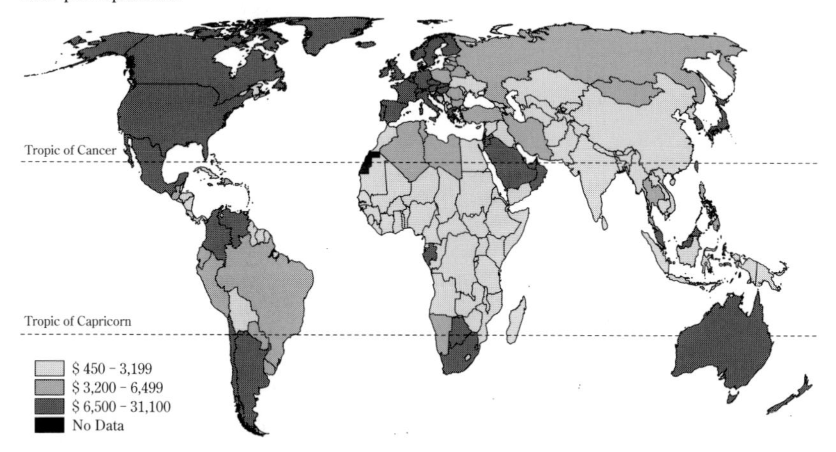

図 1.5　マラリアに感染するリスク（上）と貧富（下）の関係（Gallup and Sachs, 2000）

りひとごとですむ問題ではない．

それではみなさんが海外旅行に行くときに，どのような寄生虫症に注意すればいいだろうか．主なものを表 1.2 に示した．海外旅行に行くときの参考にしてもらいたい．また，より詳細を知りたい方は以下のウェブサイトをチェックするといいだろう．

厚生労働省検疫所（https://www.forth.go.jp/index.html）

外務省在外公館医務官情報（https://www.mofa.go.jp/mofaj/toko/medi/index.

html）

国立感染症研究所感染症疫学センター（https://www.niid.go.jp/niid/ja/from-idsc.html）

1.5 寄生虫はどんな生活をしているの？

まずは，図1.6を見てもらいたい．この図は，瓜実条虫（*Dipylidium caninum*）という犬や猫に寄生する寄生虫の成長と感染の様子を図式化したものだ．実はこの寄生虫，犬，猫だけでなくヒト，特に子どもに感染することもあるのだ．どうしてそんなことが起きるのか，そのような視点で図1.6を眺めていただきたい．瓜実条虫の成長のゴールは犬や猫の腸内だ．なぜなら瓜実条虫は犬や猫の腸内でのみ成虫となり，虫卵を産んで次世代を残すことができるからだ．犬や猫の腸管内で作られた虫卵は，成虫の身体の一部（片節）に包まれたまま糞便と共に体外へ排出される．この虫卵がノミの幼虫に食べられ，幼虫の中で孵化し寄生虫も幼虫となる．寄生虫の幼虫はノミの成長と共に成長し，感染可能な「成長した幼虫」となる．ノミの幼虫は犬や猫の体表ではなく，畳の隙間や犬小屋の中などの環境中にいるのだが，成虫になると犬猫の体表へ寄生し，吸血を始める．

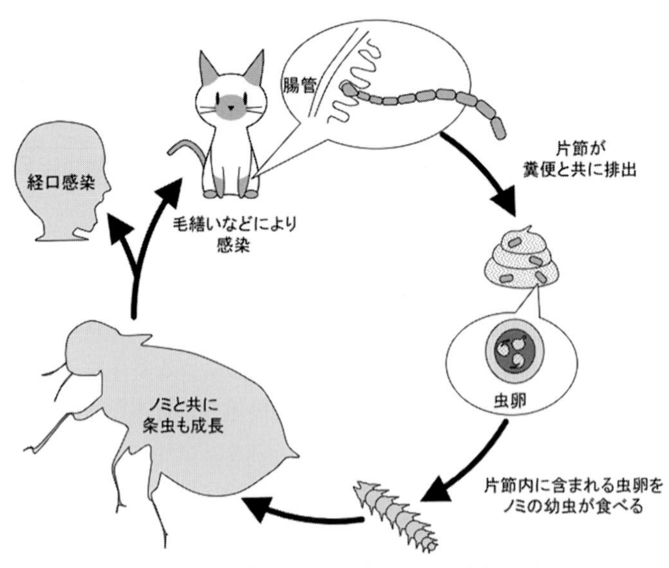

図1.6 瓜実条虫の生活環（イラスト：高木綾湖）

「成長した幼虫」をもったノミが毛繕いなどの際に犬猫に食べられると，ノミの中の成長した幼虫は初めて成虫へと成長でき虫卵を産むことができる．ここが成長のゴールである．作られた虫卵は成虫の身体の一部に包まれたまま糞便と共に体外へ排出され……と先ほどの道のりを繰り返していく．ところが，成長した幼虫が寄生しているノミをヒトが誤って口にしてしまった場合，ヒトへの寄生が成立する．通常は無症状であることが多いが，まれに下痢や腹痛を起こすこともある．赤ちゃんのおむつや糞便の中に虫体の一部を見つけてしまうこともあるようだ．このように瓜実条虫の成長の様子を図示すると，ちょうど輪っかのような絵ができあがる．瓜実条虫はこの輪っかの中をグルグルグルグル回り続けるのだ．この輪っかのことを，生活の様子を示した輪という意味で「生活環（せいかつかん）」と呼ぶ．そして瓜実条虫に限らず，すべての寄生虫は独自の生活環をもっている．そしてそれぞれの寄生虫がもつ独自の生活環は，その寄生虫が与えられた環境の中をどのように適応してきたのか，それぞれの寄生虫の歴史と戦略を物語っているのである．この本の各論（第2章）にはそれぞれの寄生虫の生活環が示されているので簡単に目を通してみて欲しい．どれ1つとして同じものがないことがおわかりになるだろう．そう，寄生虫の生活環には絶対の正解などはないのだ．このあたりの多様性が，筆者たち寄生虫研究者が寄生虫に魅せられている理由の1つだと思う．

ところでこうしていくつかの生活環を眺めていくと，大きく2つのグループに分類できそうなことがわかる．1つは瓜実条虫のように生活環の中に複数の動物（犬猫とノミ）が出てくるもの，もう1つはたとえばアメーバ（2.2.2項）やクリプトスポリジウム（2.2.1項）のように生活環の中に1種類の動物しか出てこないものだ．ここでいうヒトやその他の動物のことを「宿主（しゅくしゅ）」という．瓜実条虫のように複数の宿主をもつものを「多宿主性」と呼び，発育段階（ライフステージ）に応じてその発育に適した宿主を渡り歩いているようである．一方でアメーバのような単一の宿主しかもたないものを「単一宿主性」と呼び，その宿主に強く適応するように進化したのであろう．どちらが寄生虫にとって有利な戦略なのだろうか．両方のグループがあるということはどちらにも一長一短あるのだろうか．それとも何億年後にはどちらかのタイプに収束して，どちらかのタイプの寄生虫しかいなくなるのかもしれない．

宿主にもいろいろ種類がある．たとえば，この節の冒頭に，「瓜実条虫の成長のゴールは犬や猫の腸内で，その腸内でのみ成虫となり，虫卵を産んで次世代を残せる」と書いた．この「成長のゴール」となる宿主のことを「終宿主」という．

終宿主は常にヒトとは限らない．次世代を残せることのみが条件だ．つまり瓜実条虫の終宿主は犬や猫（まれにヒト）であるが，マラリア原虫（2.4.1項）の終宿主はヒトではなく蚊である．瓜実条虫におけるノミのように，終宿主に寄生するための前段階として仮に寄生する宿主のことを「中間宿主」といい，寄生虫によってはこれがさらに複数必要なものもいる．その場合は「第一中間宿主」「第二中間宿主」などと呼んで区別する．さらに中間宿主の条件としては寄生虫がその宿主の中で成長（数の増加や形態の変化）することが必要である．例えばアニサキスの生活環（2.1.1項）における魚類は，基本的にただその中で次の宿主に食べられるのを待っているだけなので中間宿主とは呼ばれない．このような「次を待っているだけの宿主」のことを「待機宿主」という．

1.6　寄生虫はどうやって宿主や寄生場所を決めているの？

図1.7を見て欲しい．この図の左側は霊長類の進化の過程を枝分かれで示した

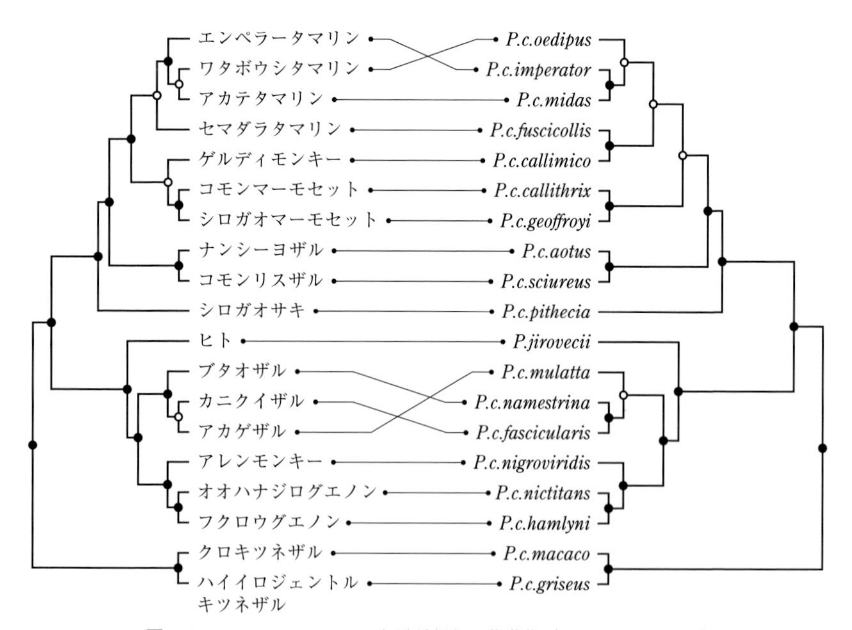

図1.7　ニューモシスティスと霊長類との共進化（Chabé *et al.*, 2012）
黒丸と白丸は寄生種と宿主との関係に整合性が取れている分岐（●）と取れていない分岐（○）をそれぞれ示している．

ものだ．真ん中辺りにヒトがいて，この図ではヒトはマカク属のサル（ブタオザル，カニクイザル，アカゲザル）とアレンモンキー，グエノン類の共通の祖先と枝分かれしている．ヒトと枝分かれした共通祖先は，その後マカク属とアレンモンキー・グエノン類のグループに分化している．と，この図はそういう見方をする．一方図の右側にはそれぞれのサルに寄生するニューモシスティス（*Pneumocystis* 属）というカビに近縁な寄生生物の進化の過程を並べて示している．この図から2つのことがわかる．まずニューモシスティスは，宿主の種ごとに異なった種のニューモシスティスが寄生している．つまり宿主とニューモシスティスは1：1で対応している．そしてもう1つ，宿主の進化の様子とニューモシスティスの進化の様子はとてもよく似ているということだ．これらのことは，ニューモシスティスは霊長類が誕生する以前にすでに霊長類の共通祖先に寄生していて，霊長類の誕生と進化に応じて寄生虫も共に進化してきたということを表している．これを寄生虫と宿主との「共進化」という．

共進化は寄生虫の生存戦略の1つの方法だが，この方法をとらない寄生虫もいる．その典型的な例がトキソプラズマ（*Toxoplasma gondii*；2.1.4項）だ．トキソプラズマは1つの種でありながら，地球上のおそらくすべての哺乳動物と鳥類を宿主としているのだ．トキソプラズマの祖先となる原虫種もおそらく哺乳動物と鳥類の共通祖先に寄生していた可能性が高い．そしてトキソプラズマは宿主の進化にいちいち対応するのではなく，そのすべての変化に適応してしまっているのだ．これもどちらがいいというのではなく，それぞれの寄生虫が選んだ戦略なのである．ちなみにニューモシスティスのように寄生できる宿主の幅が狭いことを「宿主特異性が高い」といい，逆にトキソプラズマのように宿主の幅が広いことを「宿主特異性が低い」という．

また寄生虫は，寄生する部位もそれぞれの種によって異なる．身体中のほとんどどこにでも寄生虫はいるのだが，逆にどこにでも寄生できる寄生虫というのはいない．それぞれの戦略で，それぞれが好きな場所（臓器や細胞）を決めて寄生している．それでも筆者たち専門家は寄生部位をあえて分類している．寄生部位は大きく分けて2つ．1つは身体の外側（外部寄生）で，もう1つは内側（内部寄生）だ．外部寄生における寄生部位は，主に体表である．内部寄生における寄生部位は細胞内と細胞外に大別できる．細胞内寄生をする寄生虫は，たとえばマラリア原虫で，赤血球の中に入り込んでその中で増殖する．マラリア原虫と近縁な寄生虫であるトキソプラズマは逆に赤血球以外のすべての細胞に入り込んでその中で増殖できる．そう，トキソプラズマはすべての哺乳動物や鳥類の，赤血球以外のすべての細胞を寄生部位とすることができるのだ．細胞外寄生する内部寄生虫の寄生部位は腸管内や血液中，リンパ液中，皮下組織中などさまざまだ．

1.7 寄生虫という生き方（生物学的）

1.7.1 寄生虫はなぜ寄生するのか？

さて，ここまで寄生とは何か，寄生虫とは何かということについて考えてきたわけであるが，個々の寄生虫が自分の選んだ環境に適応するため，さまざまな進化を遂げてきたことがおわかりいただけただろうか．そして寄生虫は，「哺乳類霊長目ヒト」（正確には，哺乳綱（Mammalia） 霊長目（Primate） ヒト科（Hominidae） ヒト（*Homo sapiens*）のような単一の進化的起源をもつのではなく，多くの生物がそれぞれ独自に寄生能力を獲得してきたこともおわかりいただけたことと思う．そこでここからは少し視点を変えて，「寄生虫はなぜ寄生虫になったのか」「寄生虫は何を求めて寄生虫に進化したのか」「寄生する生き方にはどんな利点があるのか」について考えていきたい．

みなさんはどのようにお考えだろうか．実は著者のひとりは大学の講義の最初に毎年これらの質問をしている．その時に出てくる回答はさまざまだが，ほとんどの意見は次の3点に集約できる．

(1) 寒暖の差が少ない，水分量・湿度が一定であるなど「安定した環境」であること
(2) 外敵がいない，身を守る必要がないなど「安全な環境」であること
(3) 栄養やエネルギーが豊富で取り込みやすいなど「安心な環境」であること

ここではこれらの3点について検証していくことにしよう．

1.7.2 寄生虫の環境は安定しているのか？

ヒトの体温は約37℃で安定している．水分量や酸素濃度，各種イオン濃度も常にほぼ一定に保たれている．確かにヒトの体内環境は安定しているといえるだろう．しかし，寄生虫の中で，ヒトから直接他のヒトに感染するものは少ない．生活環の節（1.5節）で学んだ通り，他の宿主，あるいは外環境を介することが一般的だ．外環境を経由することを選んだ寄生虫の環境が安定していないことはいうまでもない．ここでの議論の前提は，外環境は安定していないから寄生虫は寄

生能力を獲得したという可能性を考えることにあるのだから．

ここでは，ヒト以外の他の宿主として昆虫などの節足動物を選んだ寄生虫を例にとって考えてみよう．筆者としては少なくとも彼らにとって寄生環境はとても安定しているとは思えない．一例を挙げよう．2.4.2項で取り上げているいわゆるアフリカトリパノソーマ（*Trypanosoma brucei* ssp.）は哺乳動物とツェツェバエという吸血バエの間で生活環を成立させている（図1.8）．つまり恒温動物である哺乳動物と，変温動物である昆虫の間を行き来しているのだ．そのことだけ取っても，アフリカトリパノソーマの生活環境がとても安定しているとは思えない．さらに寄生部位も，哺乳動物内では抗体などの免疫機能からの攻撃を直接受ける血液中に寄生している一方で，吸血によりツェツェバエに取り込まれると，まずは消化酵素で満ちあふれている消化管に寄生するというように，周りの環境が非常に大きく変化する．アフリカトリパノソーマはこの環境の大変化に「服を着替える」ことで対応しているのだ．哺乳動物の血液内でアフリカトリパノソーマは常に抗体による攻撃を受けている．トリパノソーマはその攻撃から身を守るために自分の表面をVSGと呼ばれるタンパク質のコートでびっしりと覆っている．どのくらいびっしりかというと，血液中でトリパノソーマが作っているタンパク質のうちの約10〜20%をコートのために費やしているくらいだ（図1.8）．ところがこうしてせっかく作ったコートも，ツェツェバエの吸血に伴ってハエの消化管内に移るとまったく役に立たなくなる．今度はハエの消化酵素による攻撃から身を守らなければならないのだ．このときアフリカトリパノソーマは大きな決断を下す．なんと，頑張って作って着ているコートを脱ぎ変えるのだ．トリパノソーマの表面はVSGによるコートから，プロサイクリンと呼ばれるタンパク質で作られたコートに置き換わるのだ．このプロサイクリンもツェツェバエの消化管内でトリパノソーマが作っている全タンパク質の1〜3%に相当するくらい，表面をびっ

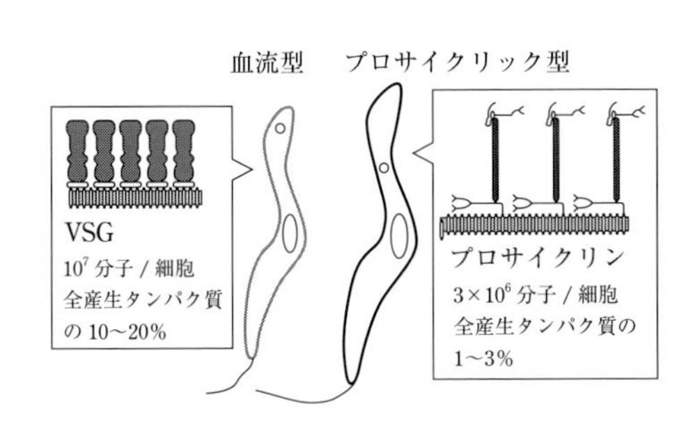

図1.8　アフリカトリパノソーマの表面はタンパク質のコートで覆われている

血流型トリパノソーマ（左，哺乳動物の血液中で増殖する）は10^7もの数のコートタンパク質（VSG，全産生タンパク質の10〜20%にもなる）で，プロサイクリック型（右，ツェツェバエの消化管内で増殖する）は3×10^6のコートタンパク質（プロサイクリン，全産生タンパク質の1〜3%）でそれぞれの表面をびっしりと覆っている．

しり覆うことで，ハエの消化酵素から身を守っている．これでもアフリカトリパノソーマの寄生している環境は安定しているといえるだろうか？

これはなにも複数の宿主をもつ寄生虫に限った話ではない．今度は回虫（*Ascaris lumbricoides*）という寄生虫の例をみてみよう．回虫はヒトの腸管に寄生する寄生虫だ．ヒトの小腸で成虫となり産卵し，虫卵は糞便とともに外界へ出て発育し，虫卵の中に幼虫が内蔵された状態となる．この幼虫を含む虫卵が再びヒトに摂取されて生活環が一回りする．昔は屎尿を肥料として用いていたため，日本でも野菜などを介して大流行していた．このような腸管と環境中とを行き来する生活環をもつ寄生虫の場合，一番の問題は酸素濃度だ．ヒトの腸管内は酸素がほとんどない，いわゆる「嫌気的環境」[1]だ．それに対して外環境には一定濃度の酸素があり，そのためヒトを含めた生物は呼吸することができる．なんのために呼吸をするのかというと，最終的な答えはヒトの細胞の中のミトコンドリアを使ってエネルギー（ATP）を作ることにある．実際に回虫の幼虫はヒトと同様な「酸化的リン酸化」と呼ばれる反応によってATPを作っている．一方で回虫の成虫はそうはいかない．周りに酸素がほとんどないのでヒトと同じ酸化的リン酸化ではATPが作れない．そのため，回虫は幼虫と成虫でミトコンドリア内の呼吸のための仕組みをまったく異なったものにデザインし直しているのだ．化学反応の向きを幼虫と成虫で逆向きにしたり，巨大な酵素複合体の組成を一部異なったものに置き換えたり，酸素の有無により少なくともエネルギーの作り方ではまったく別の生き物に生まれ変わっているように見えるほどだ．この驚くべき仕組みの詳細を知りたい人は成書を参照していただきたい（北，2000)．いずれにしても寄生環境は決して安定した場所ではないことに賛成してもらえるのではないだろうか．

1.7.3 寄生虫の環境は安全なのか？

それでは次に寄生環境は安全なのかについて考えてみよう．それを考える例としてアフリカトリパノソーマに再びご登場願おう．先ほど，トリパノソーマが血液内で抗体による攻撃から身を守るために自分の表面をVSGと呼ばれるコートでびっしりと覆っていることを紹介した．その身を守るメカニズムを紹介したい．実はトリパノソーマはVSGを作るための設計図（遺伝子）を1000以上ももっている．しかし，そのうち実際に使われる遺伝子は1つだけだ．しかもその1つは，同時に増えているすべてのトリパノソーマに共通だ．つまり，哺乳動物の血液中でトリパノソーマはみんな同じコートを着ていることになる．そうするとどうなるだろう．前述の通り，トリパノソーマは全産生タンパク質の1〜2割をVSGに割いて表面をびっしり覆っている．するとヒトの免疫機能は，非自己因子としてその単一のVSGしか認識できず，まるでトリパノソーマに感染したのではなくVSGに感染したかのように，そのVSGに対する抗体ばかりを作ることになる．だが，それでいい．トリパノソーマは抗体による攻撃を受け，全滅の危機に瀕する．そのとき，どういうわけかトリパノソーマ集団の中から別のVSG（仮にVSG2とする）を作る個体ができてきて絶滅寸前の集団に置き換わるように増えていく．ヒトの免疫機能は新しく増えてきたVSG2を認識してVSG2に対する抗体を作る．VSG2のコートを着ていたトリパノソーマはVSG2抗体によってほぼ全滅する．すると今度はVSG3を着たトリパノソーマの集団が増えてきてVSG2集団と置き換わる．免疫機能はVSG3を認識して新しくVSG3に対する抗体を作る……と，これが延々と繰り返されるうちにトリパノソーマは血液から中枢神経系への侵入に成功し，感染者は昏睡状態に陥り，眠るように死んでいく（図1.9）．これが，アフリカトリパノソーマが引き起こすアフリカ眠り病（またの名を睡眠病）の正体だ．

さて，前述した通り，1匹のトリパノソーマの中には1000以上のVSG遺伝子があるので，トリパノソーマは1000回以上の感染の波を引きおこすことができる．ヒトが異物を認識して抗体を作るのに大体2週間から1ヶ月くらい必要だ．とすると，少なくとも14日×1000 = 14000日で約40年間，トリパノソーマは理論的に感染し続けることができる．さらにもしこれで足りなくなったとしても大丈夫だ．トリパノソーマはVSG遺伝子の間で組換えを起こして，新しくキメラ型

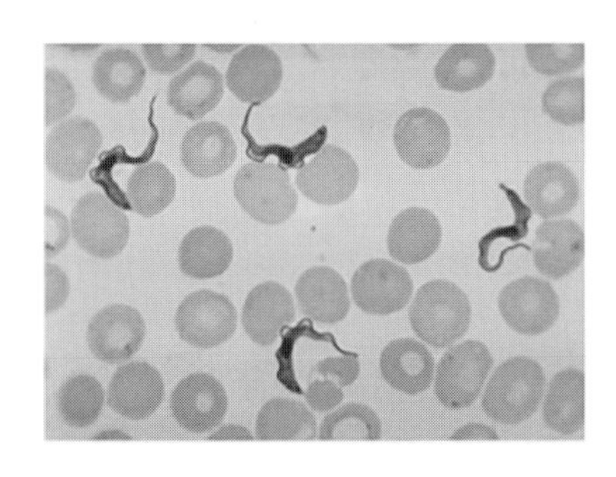

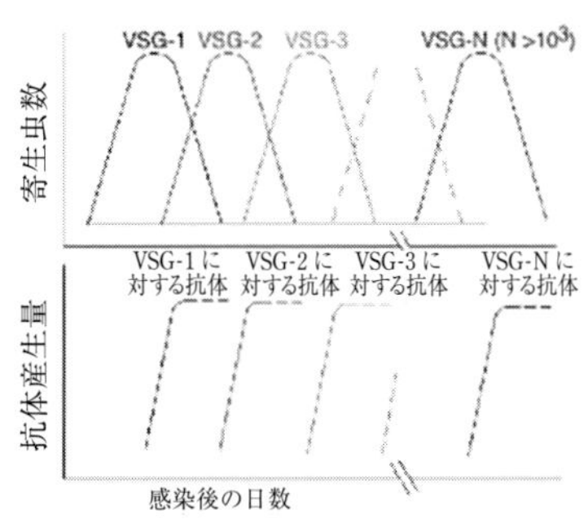

図1.9　アフリカトリパノソーマの抗原変異

のVSGを作ることができる．そうなると1匹のトリパノソーマのもつVSG遺伝子のバリエーションはほぼ無限大となる．さらにトリパノソーマのVSG遺伝子のバリエーションは1匹ずつ異なっていることもわかってきており，今この時点でアフリカ大陸に存在するVSGの種類も天文学的な数である．これらの事実からアフリカトリパノソーマに対するワクチンの開発は事実上不可能であるといわれているのだ．ここで逆に考えてみると，寄生虫にとってヒトの体内はこんなにも頑張らないと生き残ることができない過酷な環境なのである．

さて，ここでみなさんはこのように考えるかもしれない．「そりゃあ，血液の中に裸でいれば抗体の攻撃を受けるよな．裸でいるのではなく，ウイルスなどのようにヒトの細胞の中に入って隠れていればいいんじゃないか……」と．では次にその辺りを一緒に考えていきたい．まず，みなさんにお知らせしたいことは，細胞内にも病原体を駆逐するためのさまざまな機能が備わっているということだ．その機能の代表的なものが「リソソーム」という細胞小器官だ．リソソームは膜に包まれた構造体で内部は酸性，タンパク質分解酵素を含むさまざまな分解酵素を含んでいる．細胞が外から何か取り込む時，通常は細胞膜に包まれた状態で細胞内に取り込まれる．リソソームは自身の膜と取り込まれた膜を融合させて1つの膜構造体となり，取り込んだものをリソソーム由来の酸性環境とさまざまな分解酵素で分解し，自分の細胞活動に用いる（図1.10）．イメージとして，胃袋を想像してもらうとわかりやすいかもしれない．この「細胞内胃袋」リソソームは

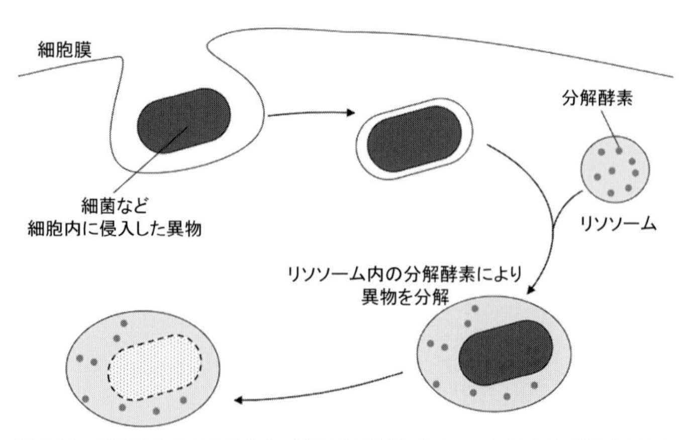

図1.10　細胞による取り込みと「細胞内胃袋」リソソームによる分解（イラスト：高木綾湖）

病原体が細胞内に入ってきた際には細胞の防御機構として機能する．多くの病原体は細胞膜に包まれた状態で細胞内に取り込まれる．先ほどの説明と同じように，この膜とリソソームが次々と融合して病原体を「消化」しようとする．

しかし多くの病原細菌や寄生虫はこのリソソームによる分解から逃避するメカニズムをもっており，見事寄生に成功するのだ．ここではその例として3種類の寄生虫に登場してもらおう（図1.11）．まずはトキソプラズマだ．この原虫は他の病原体と同様に膜に包まれた状態で細胞内に侵入する．しかしその後トキソプラズマはまだよくわかっていない未知の方法で自分を包んでいる膜とリソソームとの融合を阻止することが知られている．最近の研究結果では，トキソプラズマは，自分を包む膜の中へあえてリソソームをそのまま取り込むことによって膜との融合を阻止しているという可能性が考えられてきている．ヒトの細胞よりも小さな寄生虫がどうやってそんなことを引き起こしているのだろうか．今後の解析が待たれる．

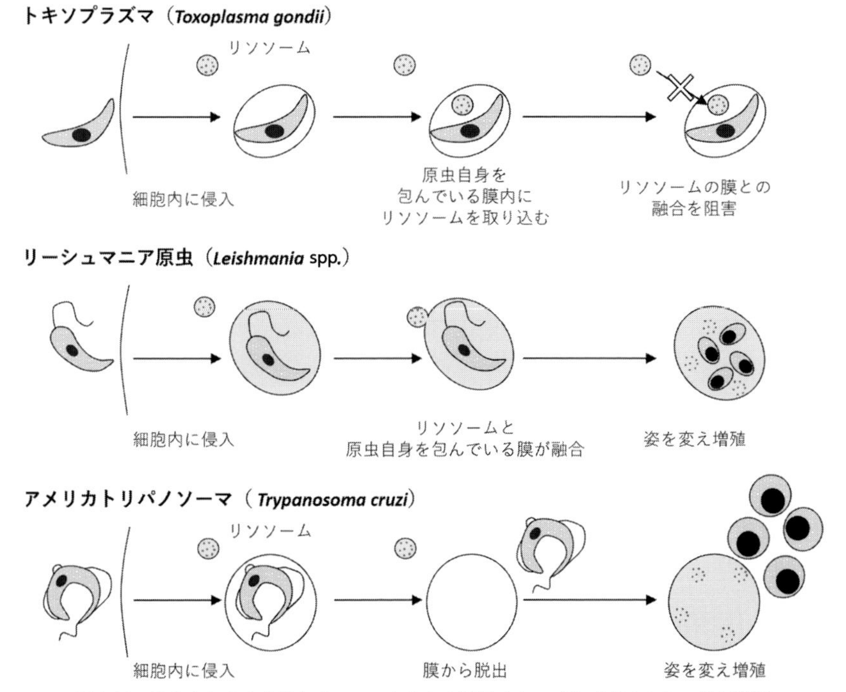

図1.11　寄生虫による多様なリソソームからの逃避メカニズム（イラスト：高木綾湖）

2つめの寄生虫はリーシュマニア原虫（*Leishmania* spp.）だ．こいつは巧妙なトキソプラズマとは対照的に体育会系的な方法でリソソームと立ち向かう．自分を包んでいる膜とリソソームとの融合は黙って受け入れ，酸性環境や分解酵素の働きに全力で立ち向かうのだ．そしてリーシュマニアは「細胞内胃袋」と化した膜の中でとにかく頑張って増殖する．実に「剛胆な」寄生虫ではないか．

3つめの寄生虫はアメリカトリパノソーマ（*Trypanosoma cruzi*）だ．アメリカトリパノソーマはアフリカトリパノソーマとは違い宿主細胞内に侵入し，その中で増殖する．この第3の寄生虫はトキソプラズマともリーシュマニアとも違う方法でリソソームと対峙する．膜に包まれた状態で細胞内に侵入したアメリカトリパノソーマは，なんと膜から外（細胞質内）に脱出し，そこで増殖するのだ．まあ確かに一番単純で有効な方法なのかもしれないが，ちょっとズルいと思うのは筆者だけだろうか．

このようにリソソームによる分解から身を守るという一事だけを取ってみても，寄生虫はそれぞれ自分の得意な方法を見つけて進化，適応してきていることがわかるだろう．いずれにしても宿主細胞内も含めて寄生環境はまったく安全な場所ではないように思われる．

1.7.4 寄生虫の環境は栄養やエネルギーを得やすいのか？

続いて，寄生環境が栄養やエネルギーを得やすいのかどうかについて考えてみよう．まずはトキソプラズマの例だ．前述の通り，トキソプラズマは未知の方法で自分を包む膜とリソソームとの融合を阻止する能力をもつ．一方で，この寄生虫は同じく未知の方法で宿主細胞の中のミトコンドリアや小胞体を，自分を包む膜の周りに集めていることが知られている（福本・永宗，2017）（図1.12）．トキソプラズマが何のために頑張ってそのようなことをしているのか，その理由ははっ

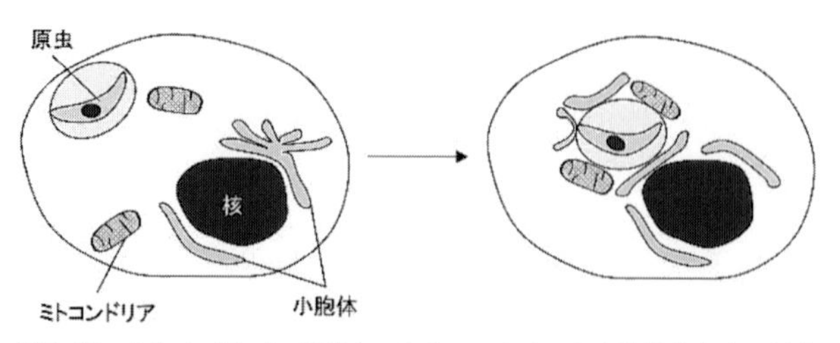

図1.12 トキソプラズマは宿主のミトコンドリアや小胞体を自分の近くに集めている（イラスト：高木綾湖）

きりとはわからないが，寄生虫学者たちはミトコンドリアが産生するエネルギー（ATP）や，小胞体の中に濃縮されているアミノ酸を取り込みやすくするためだろうと想像している．トキソプラズマという小さな寄生虫は，人智の及ばないメカニズムを進化させ，自分にとって害をなすリソソームとの融合を避け，逆に自分の近くにいて欲しいミトコンドリアや小胞体を近づけているのだ．これらのメカニズムは，トキソプラズマが直接的に機能させるのではなく，自分の外側にある膜を越えて複数の細胞小器官を操らなければならないことからも，かなり難易度の高い「芸当」であることが予想される．トキソプラズマにとって寄生環境から栄養やエネルギーを入手することはかなり難しいように思えるがどうだろうか．

またマラリア原虫の例を考えてみる．マラリア原虫は赤血球に寄生してマラリアという恐るべき病気を引き起こす寄生虫だ．赤血球という細胞は酸素を運搬することだけに特化した特殊な細胞で，酸素の運搬に不必要な核や，呼吸によって酸素を消費するミトコンドリアなど一般の細胞がもっている多くの機能が消失している．一方で，赤血球内には酸素と結合するヘモグロビンと呼ばれるタンパク質が多量に存在し，赤血球を構成する全タンパク質のおよそ9割を占める．つまり，赤血球とは酸素を運搬するためにヘモグロビンをパンパンに詰め込んだ袋であるといえるかもしれない．そこに寄生しているマラリア原虫は，ヘモグロビンを分解して自分を複製するためのアミノ酸を調達してこなければならない．タンパク質を構成するアミノ酸には20種類が存在しており，この20種類の必須アミノ酸の組み合わせによってさまざまな機能をもつタンパク質が作られている．これはヒトもマラリア原虫も共通だ．ところが，ヒトのヘモグロビンはこの20種類の必須アミノ酸のうち19種類しか用いていないのだ．そのためにマラリア原虫は必須アミノ酸の中で唯一足りないイソロイシンを赤血球の外から取り込む機能をわざわざ準備しなければならないのである．これもいちいち大変なことだ．マラリア原虫は赤血球という他の寄生虫があまり使わないニッチ[2)]を見つけたことによって逆に余計な苦労を背負い込んでしまったのかもしれない．

ところで，トキソプラズマやマラリア原虫はアピコンプレクス門（アピコンプレクサ（Apicomplexa））という同じグループに属する寄生虫なのであるが，これらの寄生虫はもともと光合成をしていたらしいということが最近明らかになってきた．はるか昔，植物の共通祖先は光合成能力をもった細菌を自分の中に取り入れて光合成能力を得た．アピコンプレクサ生物の祖先は光合成能力をもった細菌を取り込んだ藻類の祖先を取り込むことで光合成能力を獲得したのだ（図1.13）．

その後，どういう訳かはわからないが，アピコンプレクサの祖先は光合成をやめて，「何かを求めて」寄生を始め，マラリア原虫やトキソプラズマへと進化していったのだ．通常の植物の細胞の中に光合成細菌由来の部分が葉緑体として今でも残っているように，マラリア原虫やトキソプラズマの中には今でも藻類由来の部分が細胞小器官として残っている（図1.14）．この細胞小器官のことをアピコプラストと呼んでいるのだが，アピコプラストはこの一連の進化の過程を反映して4重の膜で覆われている．アピコプラストはマラリア原虫やトキソプラズマにとって今でも必須の細胞小器官で，ある種の抗生物質でアピコプラストの機能不全

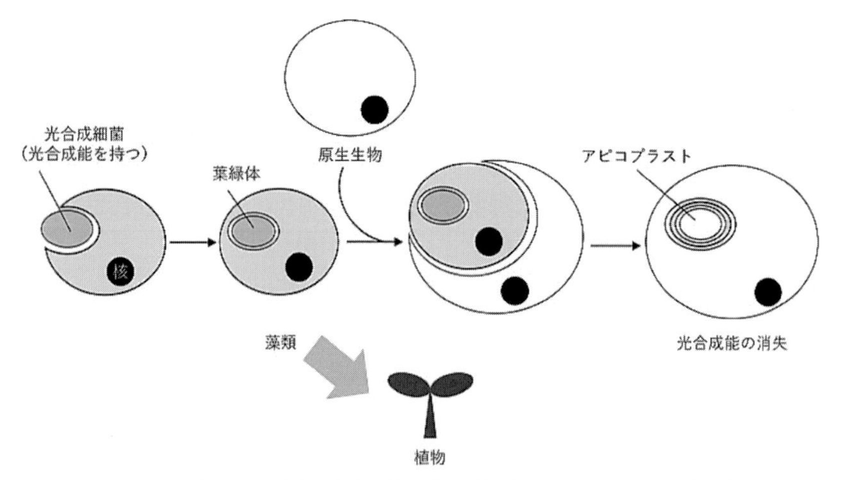

図1.13　アピコンプレクサは藻類由来の細胞小器官をもつ（イラスト：高木綾湖）

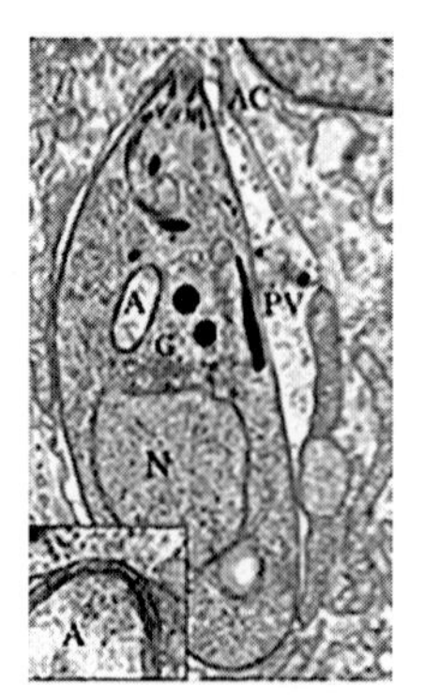

図1.14　トキソプラズマの電子顕微鏡写真
Aがアピコプラスト．左下：アピコプラストの拡大図．図1.13で示したような進化の道筋を反映して，アピコプラストは4重の膜で覆われている．

を起こさせると原虫も増殖できなくなることが知られている（2.1.4 項）．このことはアピコプラストが今でも原虫の増殖にとって何か重要な役割を担っていることを示しているのだが，その詳細は明らかになっていない．ただ，ある種の脂肪の合成は原虫の中ではアピコプラストのみで行われていたり，あるいは最近マラリア原虫やトキソプラズマは植物ホルモンを産生して自分たちの増殖の制御に用いていることが明らかとなってきたりしている（松原・永宗，2016）ので，その辺りに理由があるのではないかと考えられている．いずれにしても，元々光合成をすることで自由に有機物の合成をすることができたマラリア原虫が，栄養やエネルギーを求めて寄生生活を始めたとはちょっと考えにくいような気がするがいかがだろう．

それでは結局，寄生虫は一体何を求めて，寄生生活を始めたのだろうか．この 3 つ以外にもいろいろ仮説は考えられるのだが，筆者にはどれも今ひとつピンとこない．筆者が研究生活を引退するまでにはなにか答えを用意しておきたいと思っているのだが，なかなか難しそうなミッションだ．

1.7.5　寄生虫と宿主は，どのようにお互いが進化してきたか？

ところで先ほど「アピコンプレクサ生物の祖先は光合成をやめて，何かを求めて寄生を始め，マラリア原虫やトキソプラズマへと進化していった」と書いたが，そこに何か疑問は感じなかっただろうか．光合成をやめたのは藻類の部分だ．もしそうだとすると，アピコンプレクサの祖先は「何かを求めて」寄生生活を始めたのではなく，藻類が光合成を止めてしまったために，やむなく寄生生活を始めざるを得なかったという可能性はないだろうか（図 1.15）．そう，寄生虫であるマラリア原虫の中にも寄生体（共生体？）アピコプラストがいて，アピコプラストも進化（？）しているのだ．そういえばアピコプラストはなぜアピコンプレクサの中に寄生（共生？）したのだろうか．「何かを求めて」？　筆者も先ほど書いてきた通り，多くの研究者は「アピコンプレクサ生物の祖先は藻類の祖先を取り込んだ」と思っているのだが，本当だろうか．マラリア原虫がヒトの細胞内に侵入するように，アピコプラストがアピコンプレクサの祖先に侵入したのではないのか？　また，このような寄生虫と内部寄生体の関係は，アピコンプレクサ生物に限らず特に原虫の間には数多く認められる．寄生虫が寄生する理由を探るためにはその内部寄生体のことも考慮しないといけない．ここまで述べてきたように，実は内部寄生体が宿主（寄生虫）を寄生させたい理由があったために（たとえば

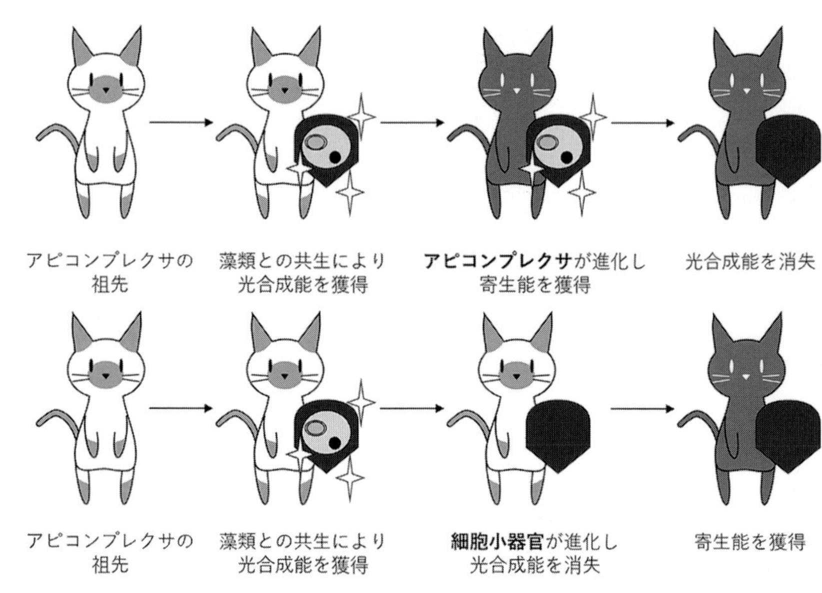

図 1.15 アピコンプレクサと細胞小器官（内部寄生体）はどちらが寄生能獲得の主役なのか？（イラスト：高木綾湖）

もう光合成をやめたくなったなど），宿主を「寄生虫化」させたのかもしれないからだ．

このような内部寄生体が宿主を寄生虫へと進化させたかもしれない現象は，寄生虫と宿主（ヒトなど）の間にも当てはまる．「進化」かどうかは各自の取り様だが，よく知られている例として鎌状赤血球症の例を挙げよう．鎌状赤血球症は主にアフリカの黒人に見られる病気で，酸素と結合することで酸素の運搬を行う機能をもつヘモグロビンの遺伝子に変異があり，そのため赤血球による酸素の運搬機能が低下し貧血を引き起こす遺伝病である．この変異があると，通常円形の赤血球がまるで鎌のような形に変形してしまうため鎌状赤血球症と呼ばれる．しかし一方で，この遺伝子をもっている人はマラリア原虫の感染に耐性であることが知られている．したがって他の地域では生存に不利に働き，淘汰されているはずの貧血遺伝子が，アフリカでは逆にマラリア耐性遺伝子として機能し，貧血の原因となる一方でマラリア原虫感染を防ぐ遺伝子として機能し，マラリア原虫感染を防ぐという表現型が生存に有利に働き淘汰されずに受け継がれてきたのだろうと考えられている．つまり，鎌状赤血球症の遺伝子をもつヒトはマラリアに耐性がつくように進化した人類であると考えることも可能なのだ．

もう１つ例を挙げよう．これは定説というわけではなく，いくつかある説の中の１つなのだが，シマウマのシマができたのはアフリカトリパノソーマから身を守るためというものである．理由はわからないのだが，トリパノソーマの宿主であるツェツェバエはあの白黒のしま模様が嫌いらしい．そこでシマウマはトリパノソーマ感染から身を守るため自分の体をあの模様に進化させ，ツェツェバエに吸血されないように，つまりトリパノソーマ感染を防ぐように進化してきたという説である．

これらの例で明らかなように，内部寄生体の進化（退化？）が寄生虫の進化に影響を与えるのと同様にして，寄生虫の存在は宿主の進化に影響を与えるのである．そしてさらに寄生虫症やその他の感染症を克服してきた人類はその数を増やし，他の生態系や環境に影響を及ぼす．たとえば *Column* 3 で取り上げているパーキンサスという寄生虫のうち，*Parkinsus marinus* という種は日本近海でカキに寄生して細々と生きていたのであるが，おそらく日本に生息していたカキを養殖目的で寄生虫共々アメリカ合衆国に輸出したところ，アメリカ合衆国に元々生息していたカキの間で大流行してしまい，アメリカ合衆国在来のカキを大量死させてしまったと考えられている．もしこれが本当だとすると，次のような仮説が考えられる．日本に生息していたカキと *P. marinus* は，お互い快適に生きていけるよう共進化を遂げてきたのであろう．しかしこの関係はアメリカ合衆国に生息していたカキとの間では成立しておらず，何かのきっかけで *P. marinus* がアメリカ合衆国に拡散したことでアメリカ合衆国在来のカキの大量死を引き起こしてしまったのだろう．ヒトもそうだ．ヒトが今も寄生虫症に悩まされていれば，アメリカ合衆国でカキを養殖したいなんて思いもしなかったことだろう．

なにがいいたいかというと，寄生虫の存在（あるいは克服）によって進化してきた宿主は他の生態系や環境に複雑に影響を及ぼしあっているという事実である．ここまで来てやっと，寄生共生関係が作用し合う相互関係が完成する（図 1.16）．まるでロシアの民芸品のマトリョーシカのようである．この図 1.16 のマトリョーシカこそが寄生共生関係を端的に表現している．

最後の宿主と環境との相互作用についてもう１つ例を挙げよう．みなさんは「衛生仮説」ということばを聞いたことはないだろうか．人類が寄生虫症を克服してきたために，本来は寄生虫を攻撃するために進化してきた免疫機能が，攻撃する標的を失ってしまい，自分自身や花粉・ホコリなどを過剰に攻撃してしまってアレルギー症状（自己免疫疾患や花粉症など）を引き起こすようになってきたの

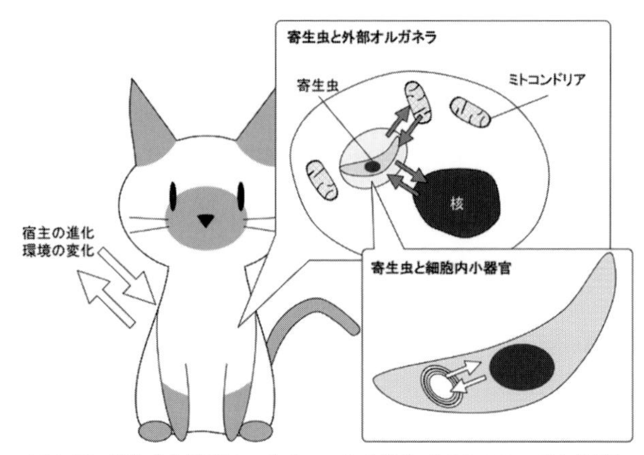

図1.16　寄生共生関係のマトリョーシカ構造（イラスト：高木綾湖）

ではないか，という仮説である．清潔すぎる日本人のライフスタイルこそが自己免疫疾患や花粉症を引き起こしてきたのだという見方を述べる人もいるようだ．こういう意見は説得力があるように見えてとても面白いのだが，あくまでも仮説に基づいた状況証拠を並べているだけであり，現段階では正しいとも間違いともいえないように思う．今後のさらなる科学的検証が望まれる．ただ，「寄生共生マトリョーシカ論」的には，この仮説は環境が宿主に影響を与えている一例であるということはいってもいいように思える．

1.8 「寄生虫のはなし」の歩き方

さて，ここまで大雑把に「寄生虫とはなにか，寄生とはなにか」ということを全体的にお話ししてきた．いよいよ次からは個々の寄生虫に登場してもらってそれぞれがどういう生き物であるかについてお話ししていく．寄生虫の世界には魅力的な役者がたくさんいて，筆者としてはみんな紹介していきたいのであるがなにぶんページ数が足りないので，どうしてもみなさんに紹介したい寄生虫を厳選した．そして厳選された「ベスト寄生虫」について，日本だけでなく世界中から専門家を選び，それぞれの寄生虫の生き様を紹介してもらうことにした．残念ながら本書は「寄生虫のはなし」であるので，先ほどの「寄生共生マトリョーシカ」のうちの寄生虫と宿主の関係の部分しかお話しできない．興味のある人は他の書籍を参考にしてほしい（大野，2016）．

表 1.3 マラリア原虫 vs トキソプラズマ どちらが「究極の寄生虫」?

	マラリア原虫	トキソプラズマ
ヒトへの感染度	全世界で2億人以上が感染	人類の1/3が感染
分布	熱帯・亜熱帯	日本・欧米を含む全世界
病原性	年間40万人以上が死亡	健常人にはほぼ無症状
寄生場所	赤血球・肝細胞	赤血球以外のすべての細胞
宿主	特異性が高い (ヒトマラリアはヒトのみ, トリマラリアは鳥類のみ感染)	特異性が低い (すべての哺乳類, 鳥類)

さて, 寄生共生マトリョーシカ論的に寄生虫と宿主との相互作用をどう考えていけばいいのだろうか. 宿主側から見れば, 当然寄生虫を排除したいと思い, そのためにさまざまな工夫を凝らしていることだろう. 逆に寄生虫から見ると宿主から排除されることは自分の生死に関わることなので排除されないよう進化適応していることだろう. これら両方向からの戦略と, それらの結果生まれたバランスの美しさを鑑賞する学問が「寄生虫学」だ. そのあたりの美しさをぜひ堪能してほしい. 例を挙げてみよう. 前述の通り, マラリアの病原体であるマラリア原虫とトキソプラズマは近縁でどちらもアピコンプレクサという同じグループに属している. マラリア原虫は熱帯地方を中心に全世界で8億人以上が感染しているという世界三大感染症の1つである. そして, トキソプラズマは全世界に分布しており人類の3分の1以上が感染しているといわれている. 寄生虫に限らず生物の究極の目的は自分の子孫 (あるいは自分の遺伝子) を残すことであるとするならば, どちらも寄生虫として, あるいは生物として大成功の部類に入っているといってもいいだろう. 一方で, この2つの病原性はまったく異なっている. マラリアは今でも年間40万人を超える死者をだす恐るべき感染症だ. 片やトキソプラズマは健康なヒトには感染してもほぼ無症状で本人は検査しないと感染していることにも気づかない (表1.3). よく似た寄生虫であるにもかかわらず, このように対照的な戦略を採用したのはなぜなのか. はたしてどちらが「究極の寄生虫」なのか. そのようなことを考えながら次からのページを開いてほしい.

「ようこそ, この素晴らしき寄生虫の世界へ!」

〔永宗喜三郎・脇　司・常盤俊大〕

注

1）嫌気的環境（anaerobic environment）．これに対し，酸素が充分にある環境を好気的環境（aerobic environment）という．

2）ニッチ，ニッチェ（niche, ecological niche）．生態的地位，生息するそれぞれの生物種ごとの環境条件．

文　献

Bush, A. O. *et al.*：Parasitism：The Diversity and Ecology of Animal Parasites. Cambridge University Press, 2001.

Chabé, M. *et al.*：*Pneumocystis* molecular phylogeny: a way to understand both pneumocystosis natural history and host taxonomy. *New Frontiers of Molecular Epidemiology of Infectious Diseases*. Springer, pp. 149–178, 2012.

福本隼平・永宗喜三郎：トキソプラズマが宿主細胞のオルガネラを引き寄せるメカニズム．医学と薬学，**74**，1217–1220，2017.

Gallup, J. L. and Sachs, J. D.：The economic burden of malaria. CID Working Paper No. 52, Harvard University, 2000.

影井　昇：土壌伝播寄生虫対策―世界に貢献する日本のノウ・ハウ．現代寄生虫病事情（多田　功編），pp. 127–132，2006.

北　潔：呼吸系の環境適応―寄生に伴う大胆な再編成．生体膜のエネルギー装置（吉田賢右・茂木立志編），pp. 47–59，共立出版，2000.

松原立真・永宗喜三郎：アピコンプレクサ類のもつ植物様オルガネラと植物ホルモン―オルガネラ進化学から考える感染症対策．遺伝，**70**（2），99–104，2016.

森下　薫：マラリア原虫の生物学及び疫学に関する研究．日本における寄生虫学の研究3（森下　薫・小宮義孝・松林久吉編），pp. 45–111，目黒寄生虫館，1963.

大野博司編：共生微生物，化学同人，2016.

矢﨑裕規・島野智之：真核生物の高次分類体系の改訂―Adl *et al.*（2019）について．タクサ，**48**，71–83，2020

Column 0 寄生虫学で用いられる用語について

寄生虫学に限ったことではないが，日本において「サイエンス（科学）」は欧米の知識や技術を我が国に輸入することから始まった．その際に英語やドイツ語，ラテン語などを日本語に翻訳することにより，研究や議論を日本語環境で行えるようにした．それはそれで当時はよいことだったのであろうが（今は，専門用語はそのまま英語で表現することが多いように思う），弊害として，おそらく翻訳した人の専門分野や学閥などにより複数の訳語が並立して存在する状態が今まで続いている．本書ではわかりやすさを重視するため，できるだけ日本語の表記で記述していくのだが，その際に用語をできるだけ統一するようにした．そのため，読者のみなさんが本書を離れ，より専門的に学習していく際に迷子にならないよう類語の解説を以下にしておく．

主に単細胞の寄生虫（原虫）が，活発に増殖しているステージにある状態のことを英語で trophozoite（トロフォゾイト）という．その訳語として，トロフォゾイト，栄養型，栄養体，繁殖体などがよく用いられる（日本寄生虫学会　用語集 第二版（http://jsp.tm.nagasaki-u.ac.jp/wp-content/uploads/2015/12/yogo2.pdf）より．以下同じ）．本書では「栄養型」を用いる．

原虫が飢餓や乾燥などのストレスに曝された後に，固い殻のようなものに包まれ，栄養型とは逆に増殖を停止してしまうステージに転換できるものがいる．この状態のことを英語で cyst（シスト）といい，日本語ではシスト，嚢子，包嚢，被嚢などと呼ぶ．本書では「シスト」を用いる．

さらに，シストと似た用語として，oocyst（オーシスト）と tissue cyst（組織内シスト）がある．いずれも多くの場合シスト同様固い殻に包まれていることが多い．オーシストは有性生殖によって形成された zygote（ザイゴート，接合体，融合体）が被殻して形成されるものであり，組織内シストは，通常のシストが環境中に存在するのに対して，宿主体内に残存している状態のものを通常のシストと区別する意味で用いられている．

〔永宗喜三郎〕

第2章 さまざまな寄生虫

2.1　食にまつわる寄生虫

食中毒多発！　日本人の食文化に根付いた寄生虫

2.1.1　アニサキス

四方を海に囲まれる日本では，その豊かな恩恵を受けて多彩な魚食文化が発展している．とりわけ近年は，冷蔵・冷凍運搬技術が向上したことで，とれたての魚介類を低温のまま産地から消費地まで届けることが可能となり，さまざまな生鮮魚介類が一般家庭の食卓に並ぶようになった．このような魚介類の喫食に起因する寄生虫病としてアニサキス症が広く知られている．本症の原因となるアニサキス類は，線形動物門回虫目アニサキス科に属する線虫の一群で *Anisakis* 属や *Pseudoterranova* 属，*Contracaecum* 属，*Raphidascaris* 属，*Hysterothylacium* 属などが分類される．このうちヒトに感染してアニサキス症を引き起こす *Anisakis* 属や *Pseudoterranova* 属を狭義のアニサキスと表記することがある．

a.　海洋を舞台としたアニサキスの生活環

アニサキス類の発育様式は他の寄生性線虫とほぼ同様で，幼虫は4回の脱皮を経て成虫となり，雌雄が交尾をして産卵するが，最大の特徴は海洋生態系を舞台として次々と新たな宿主に移動する点である（嶋津，1974）．生活環については諸説あるが，おおむね以下の通りである（図2.1）．成虫は終宿主であるクジラ類（*Anisakis* 属）やアザラシなどの鰭脚類（*Pseudoterranova* 属，*Contracaecum* 属），海鳥（*Contracaecum* 属）の胃に寄生する．メスが産卵した虫卵は糞便とともに海中に放出されるが，虫卵内で発育した第2期幼虫（第3期幼虫とする説もある）は孵化して海中に游出し，中間宿主であるオキアミ類に摂取されるとその

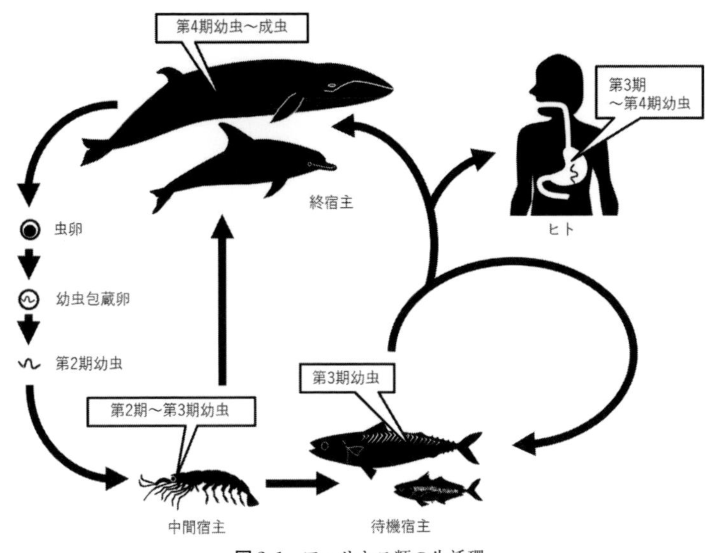

図 2.1　アニサキス類の生活環

体内で第 3 期幼虫まで成長する．この感染オキアミが魚やイカに食べられると，幼虫はそれらの体腔（体壁と内臓の間の空所のこと）や筋肉に侵入し定着する．さらにこの幼虫を保有した魚介類が別の魚に食べられると，幼虫は新たな宿主体内に移動するが，発育することなく第 3 期幼虫として体内に留まる．一般的にオキアミ類における感染率は 0.1% 以下とされるが，海洋生態系の上位にあたる中～大型魚では普通に感染が見られるようになり，ときに数百もの幼虫を保有していることもある．この現象は，体外に排出されないある種の化学物質が生態系の食物連鎖を経て生体内に蓄積されていく生物濃縮に似ている．これらの感染魚介類が終宿主に摂取されると胃で成虫となり生活環が完結する．

b.　アニサキス症

ヒトは好適な宿主ではないが，摂取された幼虫は胃や腸壁に頭部を突っ込み寄生する．ときに第 4 期幼虫まで発育するとされるが，成虫まで発育することはない．ヒトに感染した場合，原因食品を摂取した数時間後に，腹痛や嘔吐，悪心を伴う急性の胃腸炎がみられる．アニサキス幼虫はさまざまなアレルギー誘発物質をもつことが知られ，過去にアニサキスの感染経歴をもつ場合は前述の症状が劇症化し，じんましんや気管支けいれんなどもみられるとされる．治療は胃に入り込んだ幼虫（図 2.2）を内視鏡で覗きながら生検鉗子と呼ばれる器具で挟んで摘出することで完了するが，十二指腸より下部に寄生している場合は，腸管が腫れたり閉塞したりすることがあり，開腹手術が必要となる場合がある．このほか，健康診断の内視鏡検査の際に，偶然に胃粘膜に寄生した幼虫が見つかる無症状の患者もいる．

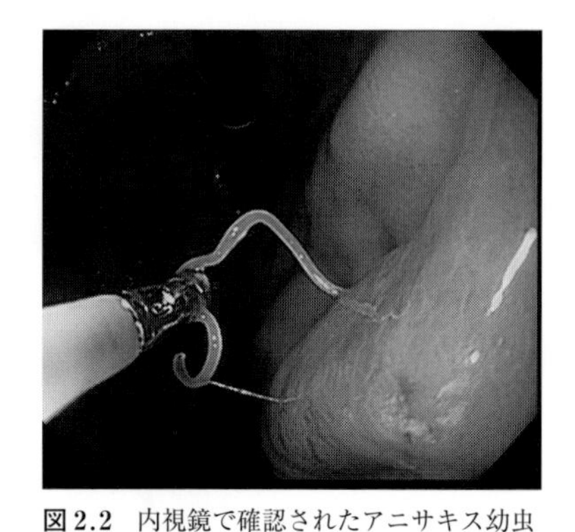

図 2.2　内視鏡で確認されたアニサキス幼虫［口絵 1］
頭部を胃壁に穿入している（写真提供：荒井俊夫博士）．

胃腸に寄生する幼虫の駆除を適応とした虫下し薬はないが，薄荷油（はっかゆ）の主成分である *l*-メントールを幼虫に直接塗布すると動きが低下し，摘出しやすくなることが知られている．また，木（もく）クレオソートを主剤とした製剤を飲むと症状が改善するとの報告がある．このほか，東洋医学外来で使用されるいくつかの漢方薬では，溶解液に直接幼虫を投入すると，幼虫の運動を抑制する作用が報告されている（村田，2003）．胃壁に穿孔した幼虫が直ちにスルっと抜け落ちるような薬剤の開発が待たれるが，安全面の問題や即効性など，残された課題は多い．

c.　食中毒とアニサキス

さて，「アニサキス急増」というニュースを耳にする機会が増えた読者もいると思うが，本邦ではどのくらいアニサキス症が発生しているのだろうか．厚生労働省の食中毒統計によると，2013 年におけるアニサキス食中毒の事件数（届出された件数）は 88 件（患者数 89 人）で，ノロウイルス（328 件）とカンピロバクター（227 件）に次いで 3 位であった．しかし，2016 年は 124 件（患者数 126 人），2017 年は 230 件（患者数 242 人）と年々増加し，2018 年は 468 件（患者数 478 人）となり，カンピロバクター 319 件（患者数 1995 人）やノロウイルス 256 件（患者数 8475 人）を抑えて事件数第 1 位となった．アニサキスによる食中毒事件急増の背景には，これまでは市中の病院における対応で終始していたものが，2012 年 12 月の食品衛生法施行規則の一部改正により保健所への届出が円滑に行われるようになったことが要因の 1 つに挙げられる．一方，レセプト解析（33 万人の診療報酬請求書・明細書に基づく商用データベースを用いた患者数推定解析）では年間 7000 人強の患者がいると推定されている．したがって，「患者急増」という表現には語弊があり，「届出される事件が増えた」という表現が適切であり，今後も実際の患者数に見合った件数に近づくことが予想される．なお，アニサキス症は個人単位で感染し発症しても死なない食中毒であるが，カンピロバクターやノロウイルスは重篤な大規模集団食中毒を起こし得る点で，食中毒原因物質としての性質が根本的に異なると理解しておいてよい．

日本近海で検出されるアニサキスには，*A. simplex* や *A. pegreffii* が多く，*A. berlandi* や *A. typica*，*A. ziphidarum*，*A. physeteris*，*P. decipiens* なども散発的に検出される．魚種や海域，深度により魚に寄生するアニサキスの種が異なることが知られ（鈴木・村田，2011），たとえば，寄生率の高いとされるマサバでは，九州から三陸沖に生息する太平洋系群から *A. simplex* が，東シナ海から日本海沿岸に生息する対馬暖流系群からは *A. pegreffii* が多く検出される．またアニサキスの種により寄生部位が異なり，*A. simplex* は体腔内に加え（図 2.3），可食部である筋肉内にも寄生するが，*A. pegreffii* は主に体腔内に留まって寄生する傾向にある．他の魚種においても分布域や寄生部位はマサバと近く，おおむね一致した見解が得られている．他方で，日本人患者から検出されるのは主に *A. simplex* で，*A. pegreffii* はまれである．したがって，ヒトへの主たる感染源は，*A. simplex* が移行した筋肉で，*A. pegreffii* については内臓を生食する機会はないことから感染機会が少ないのだと推定される．これらに加え，年や季節により食中毒の原因魚種が変化することがある．たとえば，2017 年の食中毒統計ではカツオを原因とするアニサキス症は 10 例の届出があったが，2018 年には 100 件と急増し，月別にみると初ガツオが旬を迎える春に症例が多くみられ，実際に感染したカツオが見つかっている．要因は定かでないが，水温上昇によって宿主の分布や回遊生態に変化が生じたことでアニサキスの感染機会が増えたり，乱獲等による漁場の移動に伴い流通経路が変化したりした結果，感染カツオが市場に流通した可能性があるかもしれない．今後も，地球環境の変化や，これまでに食卓に上らなかった生鮮魚介類の普及などにより，突然，新たな魚種を原因としたアニサキス食中毒が多発する可能性もある．

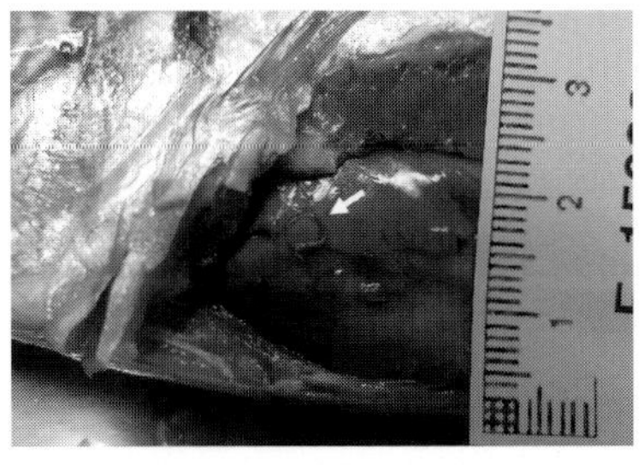

図 2.3　腹部筋肉を取り除いたマアジ[口絵 2]　体腔内の肝臓の表面にトグロを巻いたアニサキス幼虫がみられる（矢印）．

d.　アニサキスの感染予防

アニサキス類の感染を防ぎ魚介類を安全に食べるにはどのようにしたら良いのだろうか．アニサキス類の幼虫は加熱（60℃以上，1 秒間）や冷凍（－ 20℃以下，

24時間）で感染能を失う．したがって，感染リスクの高い魚種（サバ等）は生食を避けるか，一定条件で凍結保存したものを食べることが望ましい．一方，冷蔵にはかなり強く，家庭の冷蔵庫（4℃）では1週間以上も生存し得る．また，内臓表面にいる *A. simplex* の多くは被嚢して動かないが，温度の上昇や振動などにより活発に運動を開始し，筋肉に移動することがある．したがって，購入したらできるだけ早く内臓を摘出し，内臓に幼虫が多数見られる魚は生食しないことは対策の1つとなる．ただし，筋肉に寄生する幼虫を観察すると，しばしば生前に移動した痕跡（宿主の免疫反応）が見られることから，魚が生きている間にも一定数が筋肉に移動している可能性があり，新鮮だから安心ということはいえない．薬味に使用される醤油や酢，わさび，シソなどによるアニサキス幼虫の殺虫作用についても検討されているが，通常の使用量では効果は期待できない．特にレシピサイト等に掲載されている「手作り」のしめサバ（きずし）はアニサキス症の主要感染源の1つである．短時間の塩漬けや酢処理で幼虫は死滅しないことから，感染リスクをなくすためには調理過程に必ず一定条件の冷凍を設けるようにするのが望ましい．なお，よく噛むことで幼虫は死ぬとされるが，幼虫は細長く，また体表は硬い角皮で覆われており，傷つけることは容易ではない．感染源となる刺身やしめサバは柔らかく咀嚼回数も少ないことからも，噛んで予防する方法は適切とはいえないだろう．

患者急増という誤った情報や，著名人が感染した話題がメディアに取り上げられると消費者が過敏に反応し，結果として魚の消費が落ち込むことがある．アニサキス症が発生した場合，患者に原因魚介類を提供した施設は保健所による立ち入り調査が実施され，食品衛生法に基づき営業停止処分が課せられる．食中毒と聞くと，消費者は衛生面の悪さがイメージされるが，アニサキス類は魚介類にしばしば認められる寄生虫である．細菌やウイルスによる食中毒のように事業者が徹底管理するだけではリスクは回避できないことから，消費者が身近な寄生虫病として理解し，調理の過程でも注意して，昔と変わらず生鮮魚介類を食べたいものである．ちなみに，寄生虫学者が学会などで一堂に集うと，その夜の懇親会では，刺身をツマミにアニサキス話で盛り上がることがある．アニサキスについて正しい知識をもてば，過剰に怖がるものではないと筆者は思う．〔常盤俊大〕

文　献

Ishikura, H.：*Gastric Anisakiasis in Japan. Epidemiology, Diagnosis, Treatment.*,

Ishikura, H., and Namiki, M., Eds, Springer, 1989.
村田以和夫：アニサキス症と天然物由来の有効化学物質の検索．東京都健康安全研究センター研究年報，**54**，3-10, 2003.
嶋津　武：水産学シリーズ7 魚類とアニサキス．日本水産学会編，pp. 23-43，恒星社厚生閣，1974.
鈴木　淳・村田理恵：わが国におけるアニサキス症とアニサキス属幼線虫．東京都健康安全研究センター研究年報，**62**，13-24, 2011.

Column 1　タイノエ

マダイの口の中に，写真のような寄生虫が入っていることがある．これはタイノエ（*Ceratothoa verrucosa*）という寄生虫で，漢字で「鯛之餌」と書く．見ての通り，ダンゴムシやオオグソクムシと同じ節足動物門軟甲綱等脚目の仲間だが，ダンゴムシらには歩くための細長い脚と硬い殻がある一方で，タイノエの脚は宿主にとりつくための太短いものとなっており，身を守る必要がなくなったため殻も柔らかく進化した．タイノエのマダイへの病害性は低いと考えられているが，虫体が成長してあまりに大きくなると，宿主の顎がゆがんでしまうことがある．

宿主のマダイの口腔には，雌雄1組，2個体のタイノエが一緒に寄生していることが多い．メスから生まれた幼生は浮遊生活を送り，やがてマダイの口に侵入する．そして，口腔内表面に着底して体液をすすって成長していく．このとき，1番目に宿主の口にたどり着いた幼生がおそらくメスとなり，2番目にたどり着いた幼生がオスとなると推察される．しかしながら，雌雄がいかにして決定されるのか，その詳細なメカニズムはわかっていない．また，3個体目以降のタイノエ幼生がマダイの口に寄生してこない理由についても，明らかになっていない（まれに3個体のタイノエが口に入っていることもあるらしい）．

さて，マダイの体には変わった形のパーツがあり，それらは「鯛の9つ道具」として古くから知られ，それぞれ名前がつけられている．その1つ「鯛の福玉」は実はタイノエのことだ．江戸時代からその存在が日本人に知られていたようで，たとえば，18世紀に編まれた『随観写真（ずいかんしゃしん）』という本には，メスのタイノエが描かれている．虫体腹側にある卵や幼生を抱くための器官まで詳細に描き込まれており，当時の絵師の観察眼の鋭さを垣間見ることができる．〔脇　司〕

図 顎のゆがんだタイと，その口の中にいるタイノエ
（写真提供：大谷智通氏）

図 左：マダイ口腔正面，中：右側頬部一部切除，右：雌雄成虫（右がメス）
（写真提供：森田達志）

虫じゃないよ！ ヒモでもないよ！ 古くて新しい寄生虫

2.1.2 サナダムシ

a. 条虫の総論

サナダムシとは，扁形動物門条虫綱に属する寄生虫の総称である．人間に寄生する条虫は，一般に扁平で「きしめん」のような形で，日本海裂頭条虫（*Dibothriocephalus nihonkaiensis* = *Diphyllobothrium nihonkaiense*）のように長さ10 mになるものもある．頭部は虫体の長さの割に小さく，宿主にくっつくための吸盤や鉤等をもつ．頭部以後は片節と呼ばれる繰り返し構造からなり，各片節は雌雄両方の生殖器官をもつ．成長した虫体では，数百～数千個もの片節で虫卵が作られ，毎日数十万から100万個もの卵が産み出される．

条虫の幼虫は，1つまたは2つの中間宿主を経て終宿主に辿り着き，消化管で成虫となる．多くの場合，この移行は宿主の「食う食われるの関係」で成り立つ．人間は中間宿主にも終宿主にもなるが，成虫感染は一般に病害性が低く駆虫薬で治療できる．ただし，肛門から長い虫体が出てくるので，ショックは大きいだろう．幼虫感染は一般に病害性が強く，エキノコックス症（2.2.5項）や脳嚢虫症は致死性で，ときどき漫画やドラマなどの題材にもなる．

国内の人体条虫症（成虫感染）の大半は日本海裂頭条虫によるもので，年間約40例の報告がある（山崎ほか，2017）．症例数だけ見ればマイナーな感染症だが，条虫は日本人にとって古くから馴染みのある存在でもある．古来条虫は「寸白（すばく）」と呼ばれたが，この名称は『今昔物語』にも見られ，条虫が数百年前から認識されていたことがわかる．さらに，飛鳥時代の藤原京（694～710年），3世紀前半の纒向（まきむく）遺跡，縄文時代前期の小竹貝塚などから条虫卵が見つかっており，遅くとも5000年前には日本人の腹の中にサナダムシがいたようである．

サナダムシという呼び名については，『病家必携』（1888年）に「寸白虫は（中略）宛（あたか）も眞田紐（さなだひも）の如き観あるより俗に眞田虫と称す」とある．眞（真）田紐は，茶道具の箱や武具などに用いられる平たい織り紐の一種であり，見比べると確かに日本海裂頭条虫とそっくりで（図2.4），まさに言い得て妙である．このような「愛称」があることも，条虫が日本人にとって身近な存在だったことを示している．現在も国内でヒトの感染例が報告される条虫のうち，日本海裂頭条虫とテニア属の条虫について以下に紹介する．

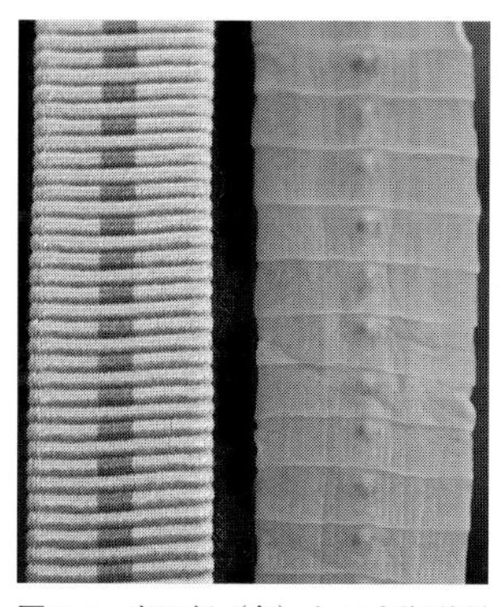

図2.4　真田紐（左）と日本海裂頭条虫の片節（右）［口絵4］

b.　日本海裂頭条虫の生活環のミステリー

江戸末期の『新撰病草紙』に，平伏した男性のお尻から出てきた条虫（形から日本海裂頭条虫と推察される）を別の男性が棒で絡め取る様子が滑稽に描かれている．（東北大学附属図書館医学分館所蔵デジタルライブラリ）．日本海裂頭条虫の生活環については，1889年に東京帝国大学の飯島魁がマス（サクラマスあるいはカラフトマス）の筋肉から得た幼虫を自ら飲んで感染し，マスが第二中間宿主であることを実証した．後に，サケ（シロザケ）やベニザケも中間宿主になることがわかった．この当時，日本海裂頭条虫はヨーロッパの広節裂頭条虫（*Dibothriocephalus latus* = *Diphyllobothrium latum*）と同種と考えられており，広節裂頭条虫では淡水棲動物プランクトンのケンミジンコが第一中間宿主になることが知られていた．日本海裂頭条虫についても1920年代に，虫卵から孵化した幼虫が淡水棲カイアシ類（ケンミジンコ）に感染し，これを食べたサケ・マス類に感染することが感染実験によって示された（図2.5）．終宿主はヒトの他にクマ，犬などの陸上哺乳類とされている．

しかし，淡水棲カイアシ類→サケ・マス類→陸上哺乳類という生活環が本当に成り立っているかは，未だ明らかにされていない．まず，自然界では幼虫が寄生したカイアシ類が見つかっていない．さらに1980年代に行われた調査で，第二中間宿主であるサクラマスへの感染は海洋で起こることが示された．

では，サケ・マス類はどこでどのようにして感染するのだろうか．未だこの謎は解けていないが，サケ・マス類の回遊ルートにヒントが隠されている．サケは北太平洋に広く分布し，母川の違いにより日本，ロシア，北米系統に分かれる．一般的に私たちの食卓に上がるのは秋から冬に産卵で日本沿岸に戻ってくる日本系統のサケで，季節外れの春や初夏に採れる高級魚のトキシラズはロシア系統のサケである．これまでの調査では，トキシラズでは幼虫の寄生が見られるのに，日本系統のサケでは寄生の報告がほとんどない．トキシラズと日本系統のサケの回遊ルートの違いに，現在も比較的高率で幼虫が寄生するサクラマスの回遊ルートをあわせると，オホーツク海周辺で感染していると推察される．だとすると，サケ・マス類は海洋でカイアシ類を食べて感染するのだろうか？　あるいは，カイアシ類を食べて感染する魚が他にいて，その魚を食べることで感染するのかも

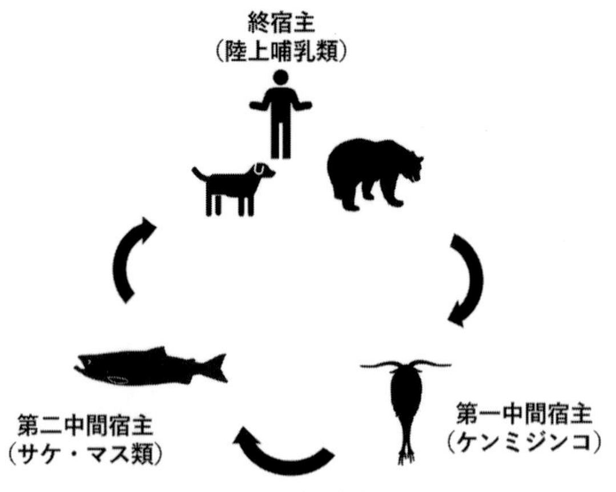

図2.5　日本海裂頭条虫の生活環

しれない．生活環を維持させている主要な終宿主が何なのかも含めて，謎は尽きない．さらなる調査・研究が待たれる．

c.　人体寄生するテニア属の条虫（有鉤条虫，無鉤条虫，アジア条虫）

テニア属の条虫3種はヒトに寄生する代表的な条虫で（図2.6），中でも有鉤条虫（*Taenia solium*）は，食品媒介性の寄生虫で最も重要である．ヒトは幼虫が寄生した豚の肉を生で食べて有鉤条虫に感染し，豚は感染者の糞便とともに排出された虫卵や虫体を食べることで感染する．幼虫（嚢虫）は1 cm程度の袋状で移動性はなく，主に豚の全身の筋肉に寄生する．成虫感染は病害性が低く，駆虫薬で治療できる．それでも有鉤条虫が重要視されるのは，この種だけヒトに幼虫感染（嚢虫症）を起こすからである．特に，脳に幼虫が寄生した場合（脳嚢虫症）は，てんかん発作などの神経症状が現れ，死亡することもある．現代の日本人には，生活環の成立条件である「豚肉の生食」「屋外での排便」「豚の放し飼い」は現実味がないが，ヒトの嚢虫症は世界中で流行しており，数百万人の感染者がいるとされている．地球規模で解決が必要な課題の1つである．

理論的には生活環が成立する条件を排除することで有鉤条虫を根絶できるのだが，現実には一筋縄ではいかない．筆者は，生の豚肉を好んで食べ，寄生虫がいるのを知ってもやめ（られ）ないという人たちにアジア各地で出会ってきた．私

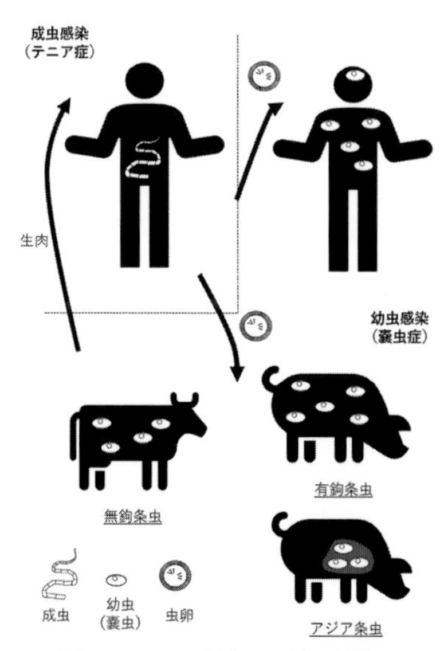

図2.6　テニア属条虫3種の生活環

たち日本人も，アニサキスやノロウイルスによる食中毒のリスクを知っていながらしめサバや生ガキを食べている．感染症対策には衛生教育が重要，と言うのは簡単だが，文化・風習を変えるのは難しい．屋外での排便についても，トイレを作っても面倒で使わない人たちは多い．実際，開放空間での排便はなかなか気持ちが良い．さらに，多産で成長が早く雑食性の豚は手軽な家畜として家族単位で飼育され，特に餌の少ない乾季には放し飼いにされる豚も多い．こうして，嚢虫症は今も各地で蔓延している．

嚢虫症は，国内では年に数例報告される程度の輸入感染症で，現代の日本では定着しないと考えられてきた．しかし，2010年から国産豚の生レバーが原因と考えられるアジア条虫（*Taenia asiatica*）の感染者が関東地方で20例以上確認された．アジア条虫は，有鉤条虫と近縁で東・東南アジアに分布し日本では2010年以前の報告はなかった．ヒトと豚を宿主とするのは有鉤条虫と同じだが，「幼虫が主に豚の肝臓に寄生する」「ヒトに嚢虫症を起こさない」などの違いがある．国内で汚染された豚が流通した経緯は不明だが，成虫感染者が養豚場で働いていたことが原因と考えられる．アジア条虫は虫体の一部が自力で肛門から這い出すため，感染者が排便しなくても養豚場を汚染しうる．現代の日本では，日本人が流行地から条虫を持ち込むことも，流行地の感染者が来日して畜産業に従事することも考えられる．アジア条虫の病害性は低いが，同様の事態が有鉤条虫で起きれば，嚢虫症患者が多発する危険性があり注意が必要である．2015年に豚の肉や内臓を生食用として販売・提供することが禁止されたにもかかわらず，2016年にも国内感染と考えられるアジア条虫症例が報告されている．ここでも，食習慣を変えることの難しさが示されている．

最後に，アジア条虫に関する最近のトピックを紹介する．アジア条虫は，発見当初は台湾の山岳民族にみられる奇妙な無鉤条虫（*Taenia saginata*）として報告された．しかし，流行地の住民は無鉤条虫の中間宿主である牛を食べず，感染源は謎であった．1980年代の調査で，住民が生で食べるイノシシや豚の肝臓に幼虫が発見され，後に新種とされた．この2種は形が非常によく似ており，ミトコンドリアDNAの塩基配列を比較することで区別している．しかし，アジア各地のアジア条虫の核DNAを調べたところ，その大半が「純粋なアジア条虫」ではなく，無鉤条虫との交雑で生じたものの子孫（交雑子孫）であることがわかった．つまり，これまでミトコンドリアDNAによってアジア条虫と判定されていた虫体の多くが，無鉤条虫の遺伝形質を核DNAにもっていたのである．これまで調べた限り，「純粋なアジア条虫」の可能性がある虫体は台湾とフィリピンでしか見つかっていない．ここで1つの疑問が湧き上がる．交雑子孫の中間宿主は牛と豚のどちらだろうか？　牛と豚から得た幼虫の遺伝子解析があまり進んでいないため，いまのところ答えは出ていない．少なくとも，宿主を決める遺伝子は核DNAにあると考えられるため，ミトコンドリアDNAでアジア条虫と判定されても豚レバーが感染源とは限らない．感染源の問題は公衆衛生上重要であり，今後さらなる調査・研究が必要である．〔柳田哲矢〕

文　献

東北大学図書館医学分館デジタルライブラリ
（http://www.library.med.tohoku.ac.jp/d-lib/zoushi/ks-intro.html.）
山﨑　浩・森嶋康之・杉山　広：わが国における条虫症の発生状況．病原微生物検出情報，**38**（4），74-76，2017.

Column 2　クドアと食中毒

最近になって新たに食中毒の原因だと判明したものに粘液胞子虫のクドアがある．粘液胞子虫は刺胞動物が著しく退化した生物で，魚類と環形動物（ミミズやゴカイ）を交互に宿主とする数十μm程度の小さな寄生虫である．水産業界ではクドアが魚肉の美観を損ねることが以前から知られていたが，人体への影響はないと考えられていた．しかし2010年にヒラメを生食した後に下痢・嘔吐を起こす集団食中毒が発生し，それが契機となってナナホシクドア（*Kudoa septempunctata*）が食中毒を引き起こすことが判明した．ヒラメにナナホシクドアが寄生していても肉眼ではまったく見分けがつかず，生のまま食べてしまうと，ナナホシクドアの侵入により小腸の細胞が傷害されて下痢や嘔吐といった症状が出ると考えられている．幸い症状は一過的で自然回復し，後遺症や死亡例の報告はなく，他人にうつることもない．農林水産省が先導して対策を進めたことで国産の養殖ヒラメではほとんど問題がなくなったが，天然ヒラメや輸入養殖ヒラメを原因とする食中毒事例は続いている．またヒラメ以外にも，メジマグロに寄生するムツボシクドア（*K. hexapunctata*）や，タイやスズキに寄生するイワタクドア（*K. iwatai*）が原因と疑われる食中毒が起きており，刺身好きには気になる状況だ．ところでクドアという名前，実は徳島出身の原生生物学者で当時イリノイ大学の教授であったリチャード・クドウ（工藤六三郎）博士の功績を称えて命名されたものである．自分に因んだ名前の生物が故

郷で食中毒を引き起こすことになるとは，さすがのクドウ博士も想像していなかったことだろう．〔松崎素道〕

Column 3 パーキンサス

パーキンサス（*Perkinsus*）属原虫は，海産貝類に寄生するパーキンサス門パーキンサス綱パーキンサス目の単細胞生物である．世界で8種が知られているが，一部の種は宿主貝を殺してしまうことが報告されている．この中の1つパーキンサス オルセナイ（*P. olseni*）という種は，1981年にオーストラリアのアカアワビから見出されて記載された種で，宿主の組織中で大量増殖して死に至らしめる．本種は国際獣疫事務局（OIE）によって，国際的監視対象に指定されている．

さて，日本のアサリにもパーキンサス属原虫が寄生しているが，そのほとんどがパーキンサス オルセナイであることがわかっている．本種は九州から北海道西側までの広い水域のアサリに寄生しており，場所によっては天然アサリの感染率が100%に達することもある．このように高レベルに感染が進んだ水域では，重篤な感染に陥るアサリも出てきて，それらは死んでしまった可能性が高いことが報告されている．また，重篤に感染したアサリ（特に体サイズの小さな稚貝）が死んでしまうことが実験的にも確かめられている．これらのことから，この原虫は天然アサリの主要な死亡要因の1つになっている可能性が高いといえよう．また，寄生によってアサリの濾水量が減ってしまうので，アサリは水中の有機懸濁物をうまく濾過できなくなり，食べる餌の量が減ってしまう．その結果として，アサリの肥満度や成長が減っていく．さらに，寄生によって潜砂能力が減退することがわかっている．潜砂能力の減退は，アサリが泥上に露出した際に上手く潜ることができず，そのまま水流や波に乗って別の場所まで流されてしまうことを意味する．したがって，この虫はアサリの死だけではなく，生きているアサリの身入りや漁場からの流出にも作用する原虫といえる．

国内のアサリの資源量は，1980年代から減少を続けており今も回復していない．この減少の主要因の1つがパーキンサス オルセナイの寄生かははっきりしていないが，少なくとも資源を回復させる上で「ムシできないムシ」になっていることは間違いないだろう．〔脇　司〕

Column 4 フタゴムシ

フタゴムシ（*Eudiplozoon* sp.）は扁形動物門単生綱に属する寄生虫だ．虫体は3〜7 mm 程度の大きさで，ギンブナなどのコイ科魚類の鰓（えら）に寄生する．本虫の特異性は「2 体の虫体がクロス状に融合して完全につながる」ことにある．その特徴的な生態と名前，そして蝶のような見た目から，ファンが多いといわれる寄生虫である．また，東京都目黒区にある公益財団法人目黒寄生虫館のマークにも使われている．フタゴムシの分布は比較的広く，日本では北海道から中国地方までのさまざまな水系から採集記録がある．

本虫の生活環を見てみよう．宿主に寄生した成虫は産卵し，その虫卵からはオンコミラシジウムと呼ばれる幼虫が孵化する．この時期にはまだ 1 個体が独立した，いわゆる「普通の見た目」の寄生虫である．この幼虫の体表には繊毛が生えており，それを使って泳いで宿主魚の鰓にたどり着き，着底して寄生する．寄生後は，体表の繊毛が脱落し，ディボルパと呼ばれる幼虫に発達する．その後，この幼虫 2 個体が，片方の個体の背のボタン様突起と，もう片方の別個体の腹にある腹吸盤を合わせるようにして合体し，あたかも 1 虫体のようになってしまう．このときに合体できなかったひとりぼっちの幼虫は，その後うまく成長できない．合体といっても単に虫体を重ね合わせるだけでなく，消化管や生殖器をはじめとした内部器官が 2 個体の間で完全につながってしまう．たとえば，片方の個体が食べたものがもう片方の個体の消化管に移動したり，精子が輸精管から直接相手の卵巣輸管に到達して受精したり，人間では考えられないことをやってのける．また，ひとたび合体してし

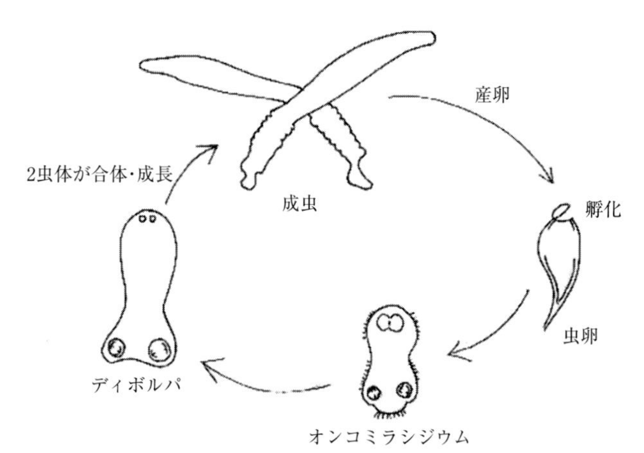

図 フタゴムシの生活環

まうと二度と離れることがない．人間のように，一度決めた伴侶を心変わりして別れることはない，大変ロマンチックな寄生虫ではなかろうか（絶対別れられない，というのもつらいかもしれないが）．ちなみに，フタゴムシは口を用いて宿主の血を吸うため，重篤感染すれば寄生された魚が貧血を起こすことがあるそうだ．

〔脇　司〕

ヒトと寄生虫の冒した痛恨のミステイク

2.1.3 幼虫移行症

ヒト以外の動物を本来の宿主とする蠕虫類の寄生虫がヒトに感染した場合，ヒトの中で寄生虫は成虫に発育できず幼虫のままでヒトの体内を移行して組織を傷害し，さまざまな症状を引き起こすことがある．このような寄生虫症を幼虫移行症（larva migrans）という．

一言で幼虫移行症といっても，ヒトで見られる症状はさまざまである．その症状は感染した幼虫の数と体内移行幼虫により傷害を受けた臓器によって異なり，「内臓幼虫移行症」と「皮膚幼虫移行症」の大きく2つに分けられる．内臓幼虫移行症は，幼虫が肝臓，肺，脳，脊髄，眼，筋肉，消化管，腎臓などの臓器や組織に移行した場合に起こり，犬回虫（*Toxocara canis*），猫回虫（*T. cati*），豚回虫（*Ascaris suum*），アニサキスなどの回虫類や犬糸状虫（*Dirofilaria immitis*）などが代表的な原因寄生虫である．皮膚幼虫移行症を起こす寄生虫としては，犬鉤虫（*Ancylostoma caninum*），有棘顎口虫（*Gnathostoma spinigerum*），ドロレス顎口虫（*G. doloresi*），旋尾線虫（*Crassicauda giliakiana*），マンソン裂頭条虫（*Spirometra erinaceieuropaei*）などが知られており，幼虫が皮下を移動した跡に沿って線状にミミズ腫れが見られる皮膚爬行症と，皮下にいる幼虫によって瘤（こぶ）が形成される移動性皮下腫瘤の2つの症状が有名である．ただし，皮下が好きなこれらの寄生虫も感染宿主の体内を移行することから，臓器を傷害して内臓幼虫移行症を起こすこともある．

a. 内臓幼虫移行症

内臓幼虫移行症の代表は動物由来回虫症である．動物由来回虫症は，ヒト以外の動物の回虫類がヒトに感染して起こる幼虫移行症であり，2001年から2015年までの15年間で約900例が確認されている．公衆衛生環境が整った日本においても，今なお発生が続く重要な寄生虫症といえる．

特にヒトへの感染が問題となる回虫としては，犬回虫と猫回虫，豚回虫が挙げられる．これらの回虫が本来の宿主である犬，猫または豚に感染した場合，虫卵から小腸内で孵化した幼虫は，一旦消化管から体腔に脱出し，肝臓，肺と体内移行を行った後，再び小腸に戻って成虫になる．一方で，ヒトに感染した場合，幼虫は小腸に戻って成虫になることなく体内を移行し続け，臓器を傷害することでさまざまな症状を引き起こす．感染者の多くは無症状または風邪のような軽い症状しか示さず，動物由来回虫症として診断されることはほとんどない．しかしながら，可能性は高くはないものの，肺炎や肝機能障害，視力障害，髄膜炎といった重篤な症状を示すケースもある．

回虫類のヒトへの感染ルートは，大きく2つのルートに分けられる．1つは虫卵を誤って経口摂取するルート，もう1つは回虫類に感染した動物の肉やレバーなどを生食し，それらに含まれた回虫類の幼虫を摂取することによるルートである（図2.7）．前者の虫卵摂取による感染は，虫卵に汚染された土壌を誤って口にする可能性の高い幼・小児やペットの世話をする女性に多い．一方で，後者のルートは肉やレバーの刺身やたたきを好む中高年の特に男性に多く見られる傾向があり，わが国の動物由来回虫症患者の多くがこのケースである．2012年より，腸管出血性大腸菌による食中毒防止の観点から，日本国内では刺身用の牛レバーの

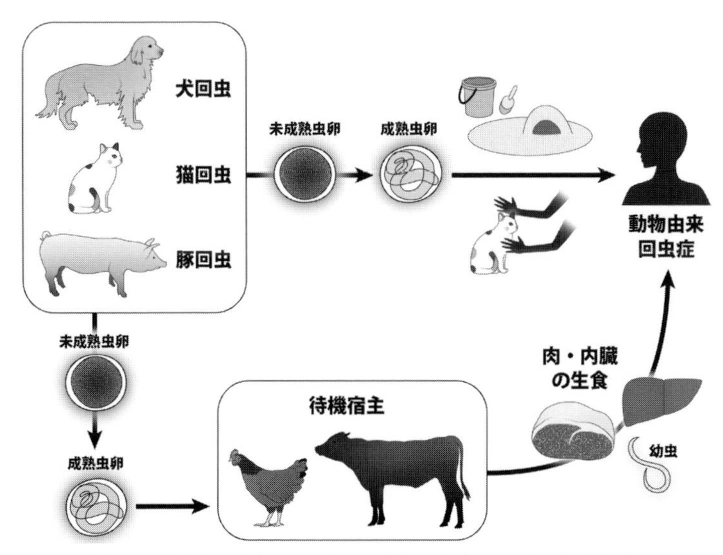

図2.7　動物由来回虫類のヒトへの感染経路（イラスト：鈴木智也）

提供が禁止された．しかしながら，人間の食文化はそう簡単には変えられず，牛の生レバーをどうしても食べたい「レバ刺し愛好家」は韓国や中国などの海外旅行先で積極的に食べているのが現状のようである．犬回虫や猫回虫，豚回虫は世界中で流行がみられる寄生虫であるため，海外旅行先で感染して帰国後に発症する動物由来回虫症の輸入が，法律で規制される前に比べ増加傾向にあるとして注意が呼びかけられている．

b. 皮膚幼虫移行症

皮膚幼虫移行症で発生が多いのは，顎口虫症とマンソン孤虫症である．顎口虫症の原因は，ドロレス顎口虫などの顎口虫類，マンソン孤虫症の原因はマンソン裂頭条虫である．図2.8にドロレス顎口虫とマンソン裂頭条虫の生活環を示した．ヒトはこれらの寄生虫の待機宿主にあたる（まれにマンソン裂頭条虫の成虫寄生もみられる）．ドロレス顎口虫の成虫はイノシシの胃に寄生し，イノシシの糞便に排出された虫卵から孵化した幼虫をケンミジンコ（第一中間宿主）が食べて感染する．次に感染したケンミジンコを食べた淡水魚やカエルなど（第二中間宿主）が感染し，イノシシはこれらの第二中間宿主または第二中間宿主を食べて感染したヘビなど（待機宿主）を食べて感染する．一方で，マンソン裂頭条虫の終宿主は犬や猫で，その糞便中の虫卵から孵化した幼虫をケンミジンコ（第一中間宿主）

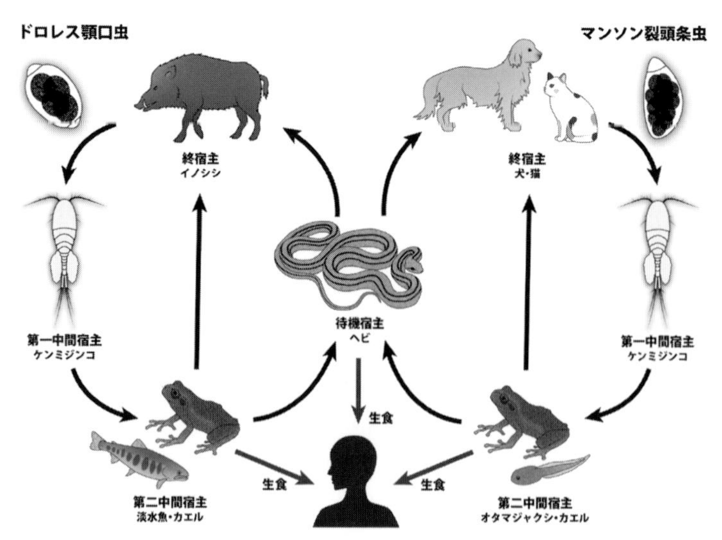

図2.8 ドロレス顎口虫とマンソン裂頭条虫の生活環（イラスト：鈴木智也）

が食べて感染する．さらに感染したケンミジンコを食べたオタマジャクシ（カエル）（第二中間宿主）が感染し，犬や猫はこれらの第二中間宿主または第二中間宿主を食べて感染したヘビなど（待機宿主）を食べて感染する．

では，ヒトはどのようにしてこれらの寄生虫に感染するのだろうか？　生水に含まれていたケンミジンコを飲むことでもヒトは感染しうるが，最も多いのは待機宿主のヘビの生食である．一時期「ゲテモノ料理」がブームとなり，ガラガラヘビのから揚げを提供するレストランもみられたが，多くの人にとってヘビはあまり馴染みのある食材ではないだろう．しかし，古来よりヘビは「滋養強壮」に効くとされ，その肉や血液，ヘビ自体を漬け込んだ酒は「薬」として重宝されてきた．この習慣に，生肉や生血にはより高い薬効があるとする日本の「生食信仰」が加わり，より高い滋養強壮効果を求めてヘビを生食する者もいるのである．

そして，1匹のヘビに感染している寄生虫は必ずしも1種類とは限らない．顎口虫とマンソン裂頭条虫は生活環に共通点が多く，ヘビが両者に感染している場合もあるのである．実際にあった例だが，脇腹にミミズ腫れが出たとして病院を受診した患者がいた．典型的な皮膚爬行症で，抗体検査によりドロレス顎口虫症と診断された．経緯を聞いたところ，1匹のマムシを友人3人で食べたという．そこで，主治医が友人にも受診を勧めたところ，もう1名が病院を訪れて，皮膚の下に腫瘤ができるマンソン孤虫症と診断された．皮膚幼虫移行症の治療には，幼虫を手術で摘出する方法と薬で寄生虫を殺す方法がある．患者は2人とも薬を飲んで無事に治癒した．しかし，3人目はどんなに勧めても病院には来なかったという．

寄生虫が動物に感染する目的は「種の繁栄」であり，多くの寄生虫が選択した生存戦略は「感染した動物を殺さず，その体内でひたすら生殖活動を行って次世代を産出する」生き方である．したがって，ヒトが本来の宿主であれば，ヒトの体内で成虫へと発育して産卵し，感染を拡大させる原因にはなったとしても，その感染により重篤な症状を示すことはあまりない．しかし，幼虫移行症はしばしば深刻な症状を引き起こす上に，診断や治療が成虫感染に比べて困難な場合が多い．寄生された宿主にとって非常に迷惑な感染の結果であるこの幼虫移行症は，一方で寄生虫にとっても感染相手を間違った失敗であり，まさに痛恨の極みといえる感染なのである．幼虫移行症の多くは食品に由来する寄生虫症であり，一番の防御対策は生食を避けることである．ヒトと寄生虫の両方が「痛い」思いをしないように，寄生虫感染のリスクがある食品はきちんと加熱調理をして食しても

らいたい.　〔吉田彩子〕

文　献

板垣　匡・藤崎幸三：動物寄生虫病学　四訂版. 朝倉書店, 2019.
高木慎太郎：幼虫移行症（イヌ糸状虫症, 動物由来の回虫症, 顎口虫症, 旋尾線虫症を含む). 今日の治療指針（Vol. 61, 福井次矢ほか総編集), pp. 254-255, 医学書院, 2019.
吉田幸雄・有薗直樹：図説人体寄生虫学　改訂9版. 南山堂, 2016.

母と子の愛, 飼い主と猫との愛, それらの間に潜む三日月

2.1.4　トキソプラズマ

トキソプラズマ（*Toxoplasma gondii*）は, 大きさが約6 μm（0.006 mm）の小さな寄生虫だ. 寄生以外では増殖できない偏性寄生性の生物である（図2.9). 細菌の代表格である大腸菌は長軸2 μmほど, ヒト細胞は種類によるが10～50 μm程度だからサイズは細菌並だが, 細胞核やミトコンドリアをもつ単細胞真核生物の仲間である. 細胞は細長い三日月の形をしていて, 鞭毛や繊毛などの運動器官はなく, 遊泳能力は持たないが, 特徴的な「滑り運動」によって宿主細胞の表面を移動することができる.

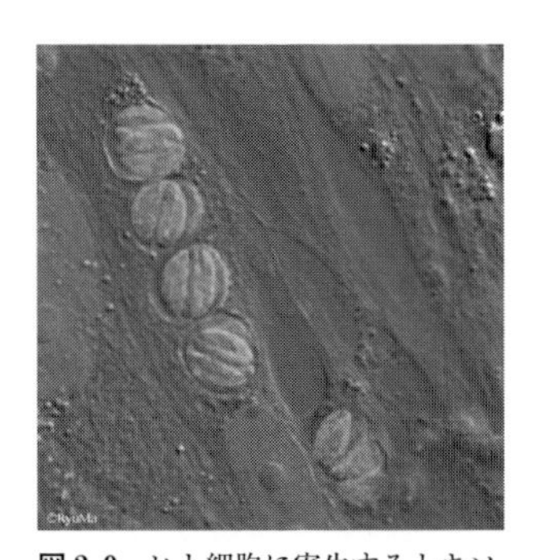

図2.9　ヒト細胞に寄生するトキソプラズマ［口絵5］
トキソプラズマ細胞を赤色, DNAを青色で染色している（口絵参照).

トキソプラズマは, マラリア原虫[1]と同じ分類群であるアピコンプレクス門に属する. アピコンプレクス門はほぼすべてが寄生性であり, 寄生生物として最大級の種数を擁する生物群である. 中でもトキソプラズマはヒトを含むすべての哺乳類・鳥類という極めて広範囲の宿主に寄生する. 羊や山羊, 豚など家畜をはじめ, ネズミや猫, シカ, イノシシ, 馬などさまざまな生物が宿主となる. 珍しい例では, カナダで打ち上げられたシロイルカの44%がトキソプラズマに感染していたという. また多くの寄生虫と異なり, トキソプラズマは全身ほぼすべての細胞に感染することができる. これらの特徴は, 同じアピコンプレクス門のマラリア原虫が限られた種類の宿主にしか感染せず, また中間宿主では赤血球と肝臓にしか感染しないのと対照的だが, この差がなぜ生じるのか, はっきりとはわかっていない.

a. 宿主を操るトキソプラズマ

トキソプラズマの類まれな寄生能力の背後には，巧妙なトキソプラズマと宿主との駆け引きがある．まずトキソプラズマは宿主の細胞の中に侵入して小胞（寄生胞）を作り，多種多様のタンパク質を宿主細胞内に注入する．これにより寄生胞表面を改変して宿主細胞がもつ細胞内免疫機構からの攻撃を防止する．また宿主の核にもタンパク質を送り込み，遺伝子発現を制御して宿主細胞を乗っ取る．乗っ取られた宿主細胞では免疫機構がうまく機能せず，トキソプラズマは急速に数を増やすことができる．さらに彼らは，リンパ球などの免疫細胞自体に寄生して宿主の眼から逃れ，あろうことか宿主体内を移動する自動車がわりにするのだ．この寄生様式は，古代ギリシャの故事にちなみ，トロイの木馬と呼ばれる（木馬の彫像に兵士が隠れて敵陣地に入り込み，内部から奇襲をかけた逸話のことである）．

一方で宿主の免疫が勝利した場合，トキソプラズマは組織内シスト（tissue cyst）と呼ばれる小胞を作って閉じこもる．組織内シストは強固な殻をもつので免疫系が届かず，ここでトキソプラズマは半ば休眠状態となり，宿主が死ぬまで慢性感染を継続する．さらに組織内シストに有効な薬剤は存在しない．つまり，一度トキソプラズマに感染すると，一生涯寄生され続けることになるのだ．

トキソプラズマが宿主を乗っ取るのは，なにも細胞レベルに限らない．トキソプラズマに感染したネズミは天敵であるネコ科動物の匂いを恐れなくなり，逆に誘引されることもあるという．結果として猫に捕食される確率が上がり，トキソプラズマとしては終宿主への伝搬に役立つらしい．また統計学的なデータから，ヒトでもトキソプラズマ感染者は交通事故に遭う確率や自殺率が上がることが示唆された．さらに性格にも変化が起こるようであり，男性では利己的，非社交的，猜疑的かつIQの低下が見られ，女性では利他的，社交的，親切になる傾向があるようだ．結果として男性はモテなくなり，女性はモテるようになる．男性である筆者としては残念な限りだが，あくまでも統計上の話なので，モテたい女性読者諸氏もわざとトキソプラズマに寄生されるのはやめておこう．

b. トキソプラズマの生活環

ここで一度，トキソプラズマの生活環について触れておきたい．トキソプラズマの終宿主はネコ科動物のみであり，他の動物はすべて中間宿主である（図2.10）．

ネコ科動物が中間宿主を捕食すると，体内の組織内シストからトキソプラズマ

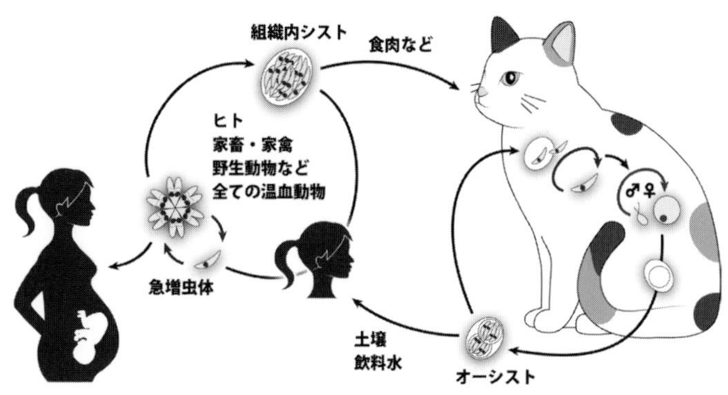

図2.10　トキソプラズマの生活環

が脱出し，腸管上皮に感染する．ここでトキソプラズマは有性生殖を行い，次の世代の原虫が糞便とともに排出される．このステージはオーシスト（oocyst）と呼ばれ，河川や土壌中で長時間感染力を保持する．

中間宿主がオーシストを摂食すると，トキソプラズマは無性生殖により増殖し，組織内シストを作って慢性感染を続ける．また垂直感染（母子感染）により胎仔に感染することもある．中間宿主をネコ科動物が摂食すると，トキソプラズマは腸管の細胞で活性化し，新たな生活環を開始する．一方，ネコ科以外の捕食者（恒温動物）が中間宿主を捕食すると，トキソプラズマは再び組織内シストとなる．またオーシストをネコ科動物が摂食すると，トキソプラズマは中間宿主を経由せず次の生活環を開始することができる．

c.　寄生と共生のあいだで

さて，ここまでトキソプラズマが宿主に寄生する仕組みを説明した．しかし興味深いことに，トキソプラズマも他生物に寄生されているといえるかもしれないのだ．そもそも生物学的に，寄生と共生は似た概念である．そしてトキソプラズマは細胞内に2種類の共生由来オルガネラ（細胞小器官）をもつ．1つはミトコンドリア，もう1つはアピコプラストというアピコンプレクス生物独自の細胞小器官だ．アピコプラストは色素体，つまり退化した葉緑体である．葉緑体をもつということは，トキソプラズマの祖先は植物なのか，あるいは動物なのだろうか？　答えはどちらでもない．

実は従来の植物・動物・菌類・原生動物という分類は徐々に使われなくなっており，現在は遺伝子解析を駆使した系統分類が主流となりつつある．真核生物の再分類については本書の総論に詳しいが，真核生物の世界は考えられていたよりはるかに多種多様であり，動物・陸上植物はその中のごく限られた一部に過ぎないらしい．そして，トキソプラズマはゾウリムシや渦鞭毛藻類と近く，陸上植物とも動物ともまったく異なる生き物なのである．現在のところ，アピコプラストは2段階の細胞内共生を経てアピコンプレクス生物に取り込まれたとされている．つまり，藻類の祖先が藍藻の祖先を取り込んで藻類となり，それをアピコンプレクス生物の祖先が丸ごと取り込んだわけだ．こうして獲得した色素体だが，現在は光合成の能力は失われており，その明確な役割はわかっていない．しかし，細胞小器官の1つとして脂肪酸の合成などに役立っており，生存に必須であることは確かである．

d.　トキソプラズマと人類の関わり

トキソプラズマは地上で最も蔓延する寄生虫の1つであり，全人類の1/3以上，特にブラジルでは人口の80%以上，フランスでは50%以上に感染しているとされる．一方，日本では正確な統計が存在しないが，感染率は総人口の5～10%程度と推定されている．感染率に地域的なばらつきがある原因として，感染源である生肉の食習慣，また猫の飼育環境が挙げられるが，確定的なことはまだわかっていない．そもそも，生肉中の組織内シストと猫糞便中のオーシストのどちらが主な感染源かもはっきりしていないのだ．

この論争は興味深いのでここで少し触れよう．まず生肉主犯説の根拠として，①米国では小児（土壌からオーシストに接触する機会が多い）の感染率が非常に低く，生肉との接触機会が増えるであろう10代に急上昇する，②日本と韓国での感染率はいずれも10%程度だが，韓国は猫を嫌う文化があり，猫の飼育数が日本よりかなり少ない，③欧米諸国でのトキソプラズマは遺伝的多様性が低く，無性生殖による拡大が示唆される，などが挙げられる．一方猫主犯説を支持するデータとしては，①太平洋，オーストラリア，米国に存在する猫のいない島にはトキソプラズマ感染者がいない，②米国において市販肉類のリスクを調査した結果から，肉類のリスクのみで感染率を説明することは不可能であると推定された．つまり生きたトキソプラズマが検出された市販肉の割合が低すぎた，③インドでの調査ではベジタリアンとそうでない人との間で感染率に有意差がない，④水系感染によるアウトブレークや土壌由来感染の報告，などがある．

トキソプラズマは健康な大人が感染しても一過性の風邪様症状を示すのみのことが多く，また慢性感染は一般的に無症状である．しかし，何らかの原因で免疫力が弱っている患者に対しては激しい症状を伴った急性感染を引き起こし，致死的となることもある．また，組織内シストを形成した慢性感染状態のトキソプラズマが免疫不全者において再び活発な増殖を始める「再燃」という現象があることも知られている．HIV 感染，抗がん剤の投与や臓器移植による免疫不全時は特に注意が必要で，実際に欧州では HIV 感染者の 3 割近くがトキソプラズマ症で死亡しているとされる．

また，妊娠時にトキソプラズマに初めて感染した場合（あらかじめ免疫を獲得していない場合），トキソプラズマが胎児に移行して先天性トキソプラズマ症を引き起こすことがある．視力障害，精神運動能力障害，水頭症，脳内石灰化が主要 4 症状として知られるが，実際の病状は不顕性から重度障害，死産までさまざまである．トキソプラズマには有効なワクチンが存在しないため，妊娠時にはトキソプラズマ感染歴があるかを調べる抗体検査を受けることが推奨され，また妊婦自身が正しい知識を身につけてきちんと予防することが必要である．詳しくは先天性トキソプラズマ&サイトメガロウイルス感染症患者会ウェブサイト，または国立感染症研究所ウェブサイトを参考にして欲しい．

e. トキソプラズマ症とその対策

それでは，トキソプラズマ感染を予防するにはどうしたらいいのだろう．獣肉・鳥肉の生食は常に感染のリスクを伴うため，肉の赤みが取れるまでの加熱，あるいは中心が−12℃になるまでの凍結が必要とされる．馬刺やレバ刺，また生ハム類も妊娠中は我慢しよう．電子レンジによる加熱，家庭用冷凍機での冷凍では，それぞれ十分な効果が得られないことがある．オーシストはさらに厄介で，常温では数ヶ月から数年，−20℃でも 1 ヶ月程度は生存可能であり，塩素やアルコール消毒も効果がない．煮沸消毒すると完全な不活化が可能だが，自分の手や飼い猫を煮沸するわけにもいかないので，土や野良猫との接触，無処理の生水の摂取は避けたほうがよいだろう．妊娠中の飼い猫との接触は，きちんと飼育していれば問題はない．猫がオーシストを排出するのは，感染後の数日から十数日間のみであり，またオーシストは排出されてすぐは未熟状態で，感染性をもつまで約 24 時間を要するからだ．このため妊娠時に飼い猫がいるなら，なるべく家飼いにし，トイレの処理を毎日行えば感染の危険性を回避できる．トイレ容器は熱湯で消毒することが望ましく，また念のためにトイレ掃除は妊婦以外が行うのがよいだろう．

もしも妊娠中にトキソプラズマに感染してしまった場合には，適切な投薬により先天性トキソプラズマ症の発症リスクを減らすことができる．これまで国内では本症に適応できる薬剤がなかったが，2018年にスピラマイシンが「先天性トキソプラズマ症の発症抑制」として初めて承認された．スピラマイシンは，先天性トキソプラズマ症の治療薬として世界70ヶ国以上で広く使用されている実績のある薬剤であり，諸外国での解析では胎児へのトキソプラズマ感染を60%以上防ぐことができ，感染した場合でも重症化を80%程度抑制できるとされている．ちなみに本薬剤は，アピコプラストの代謝系を阻害することによりトキソプラズマを抑え込むらしい．これは，病原性とは一見無関係な，アピコプラストの基礎研究が医療とリンクする好例ともいえる．科学とは将来どう役立つかわからないものなのだ．

最後に，以上のトキソプラズマに関する知見はその多くが，欧米地域で単離されたトキソプラズマ株を用いた実験から明らかになったものだ．果たして日本やほかのアジア諸国，南アメリカなどのトキソプラズマも同じ性質をもつのだろうか——実は近年，これらの地域から分離されたトキソプラズマは遺伝的に遥かに多様性が高いことが明らかになった．つまり今までにわかっているトキソプラズマの性質は，実は欧米以外のトキソプラズマ系統には当てはまらないかもしれないのだ．日本のトキソプラズマに限っても，病原性やその他の性質が既知のトキソプラズマ系統と違うらしいことがわかってきている（喜屋武ほか，2013）．トキソプラズマ研究には，今なお多くのフロンティアが残っているのである．隠れた身近な寄生虫，トキソプラズマとの闘いはまだこれからだ．　〔松原立真〕

注

1）ちなみに原虫とは，「寄生性をもつ単細胞真核生物」を指す寄生虫学用語である．たとえばゾウリムシはトキソプラズマと比較的近縁だが，こちらは原虫とは呼ばないのでややこしい．

文　献

喜屋武向子ほか：食品による寄生動物感染症［5］原虫感染症（3）トキソプラズマ症と沖縄県におけるトキソプラズマの流行状況について．日本防菌防黴学会誌，**41**（1），19-28，2013.

2.2　身の回りの環境にいる寄生虫

日本にも！　世界中で大流行を引き起こすモンキーフェイス

2.2.1　クリプトスポリジウム，ランブル鞭毛虫（ジアルジア）

a.　クリプトスポリジウム

クリプトスポリジウムはアピコンプレクス門，近年は新たな分類が提唱され，SARというスーパーグループに属する原虫である．1907年にティザー（Tyzzer, E. E.）がマウスの胃に寄生するクリプトスポリジウムを発見したのが最初の報告である．その後，クリプトスポリジウムは永らく動物に寄生する原虫との認識であったが，ヒトの感染症として大きな注目を集めるようになったのは1990年代以降である．その他の寄生虫（原虫）の歴史と比べると，比較的近年に着目された原虫であり，クリプトスポリジウム症は新興感染症とも呼ばれている．この原虫に世界で年間2.5～5億人が感染していると推定されており，大規模集団感染事件も発生し，そして死者も出ているのである．

このクリプトスポリジウムという原虫は，どういった寄生虫なのか？　ヒトに寄生する主要な種としては，*Cryptosporidium hominis* と *C. parvum* がある．*C. hominis* は主にヒトのみに，*C. parvum* はヒト以外にも家畜や野生動物等の幅広い動物の小腸に寄生する．感染は，オーシストと呼ばれる虫体を口から摂取することによる（図2.11）．オーシストは直径約5 µmの球形できわめて小さく，中には4つのスポロゾイトというバナナ状の虫体が入っている．スポロゾイトは細胞侵入型の虫体であり，宿主に飲み込まれたオーシストから腸管内で脱殻した後，小腸粘膜の最も外側にある微絨毛に侵入し，そこで無性生殖により増殖する．微絨毛とは小腸粘膜の一番表層面にある細胞がもつ指状の突起物であり，栄養吸収の境界となる．この突起のおかげで小腸粘膜の表面積は約600倍となり，吸収効率が上がる．一方で，原虫が寄生できる場所も無限大といえる．

微絨毛に侵入したスポロゾイトは丸く膨れてメロントと呼ばれる分裂体となり，この内部にはメロゾイトと呼ばれる新たな侵入型虫体が形成される．このメロゾイトはメロントから脱出し，再度，微絨毛に侵入し，新たなメロントを形成する．その後，雌虫体となるマクロガメトサイトと雄虫体となるミクロガメトサイトを形成し，雌雄に分化する．ミクロガメトサイトからは精子に似たミクロガメートが多数游出し，そしていわば卵子となるマクロガメトサイトから成熟したマクロ

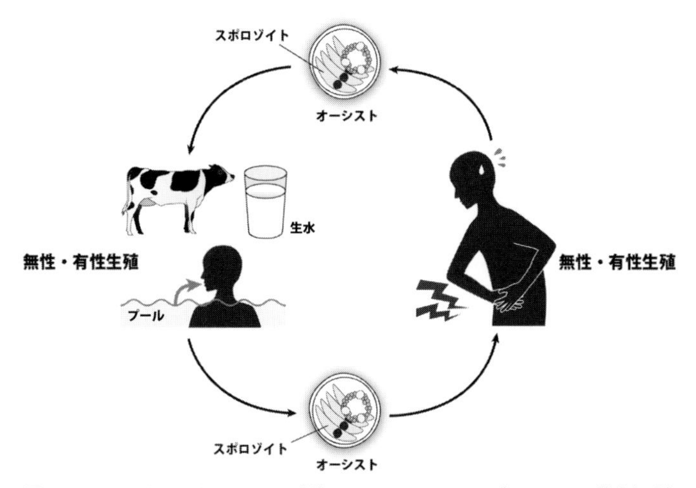

図 2.11　クリプトスポリジウムの感染サイクルのイメージ（イラスト：鈴木智也）
虫体は人や動物の腸管内で増殖し，下痢便とともにオーシストが排出され，これが新たな感染源となる．

ガメートと受精し，オーシストを形成する．この後半の発育を有性生殖という．

実は腸管内でオーシストを形成する多くの原虫では，オーシストは一旦，糞便と共に外界に出て，その後，適切な温度や有酸素環境のもと一定期間の後，内部にスポロゾイトが形成される．つまり，産出されたばかりのオーシストには感染性はない．しかし，このクリプトスポリジウムは微絨毛から脱出した時点で，既に内部にスポロゾイトが形成されており，宿主の体外に出ることなく，腸管内でオーシストからスポロゾイトが脱殻し，そして再び感染できるのである．これを自家感染というが，この結果，小腸粘膜は増殖したクリプトスポリジウムでいっぱいとなり，寄生部位が胆管や胆嚢にまで及ぶ場合もある．

増殖した虫体は微絨毛から游出するが，この時，当然ながら微絨毛は損傷する．微絨毛は栄養吸収の場であるが，原虫の増殖によりそれが阻害され，その結果，下痢を発症する．同時に腹痛，倦怠感，食欲低下や悪心，軽度の発熱を生じる場合もある．治癒には，感染者の免疫機能が重要とされる．免疫機能が正常なヒトは，下痢は 2 週間程で自然治癒する．しかし，免疫機能がはたらくまでの間，下痢は 1 日に数十回にも及ぶ．現在のところ，即効性のある治療薬はなく，下痢に対する対症療法を実施し，免疫による治癒を待つか，または免疫による治癒を早める薬剤を服用する．しかし，免疫機能が低下したヒト，特に免疫不全の患者では難治性となり，1日に10L以上の水様性の下痢便が出るため，致死性となる場合がある．

クリプトスポリジウムの大きな問題は即効性のある治療薬がないことと，もう1点はオーシストの性状にある．オーシストは感染したヒトの糞便と共に多量に排泄され，その量は1日で10億個とされている．宿主がオーシストを10個程度，摂取しただけでも感染するとの報告もあり，あくまで単純計算ではあるが，1日で1億人が感染可能となる．オーシストは強固な殻で包まれており，一般に使用される消毒薬では殺滅できない．また，排出されたオーシストは環境中で数ヶ月以上も生存可能である．加えて5μmと微小であるため，水に混入した場合，除去が極めて難しい．通常，水の消毒には塩素が使われるが，オーシストは塩素にも耐性を示すため，上水道にクリプトスポリジウムが混入した場合，各家庭で使用する水道に原虫が運ばれることとなり，感染者が多数出ることになる．

我が国最初の集団感染事件は，1994年9月に神奈川県平塚市の雑居ビルで起きた（黒木ほか，1996）．平塚保健所にビルの利用者22名が下痢や発熱，嘔吐などの症状を示しているとの通報があり，その後，ビル内の従業員および利用客等736人を調査した結果，粘液性および水様性下痢，腹痛，発熱，倦怠感，嘔吐等の症状が461人にみられていた．原因は地下の受水槽の不備により，汚水や雑排水が混入したことであった．その後の解析で，原因種は *C. parvum* と鑑別された．クリプトスポリジウムはヒトや動物の体内以外で増殖することは出来ず，本事件は，感染したヒトまたは動物の糞便と共に排泄された原虫が誤って受水槽に混入した結果，ビルを利用したヒトが曝露され，多数の感染者が出た結果となったのである．ちなみに，国内でこれまで最大の集団感染事件は，1996年に埼玉県越生町で起きた事例である．調査した住民の12345人のうち実に8812人（71.4%）が下痢や腹痛を示し，24名が入院していた．背景として，各家庭の水道を管理する浄水場の600m上流と1.3km上流には，約100世帯分の雑排水と屎尿を処理する排水処理場があった（図2.12）．検出されたクリプトスポリジウムは，後の解析で *C. hominis* であることが判明したことから，感染したヒトから排泄された原虫が浄水場を経由し，河川に混入したと考えられた．最初の感染源は不明であるが，患者便に大量に含まれる原虫が下水処理場から河川水，そして浄水処理施設から各家庭の水道水へと循環が生じ，さらなる感染者を出した可能性がある．この事件を契機にし，厚生労働省はクリプトスポリジウムを取り除けるろ過装置の設置等を定めた「水道におけるクリプトスポリジウム暫定対策指針」を策定し，全国

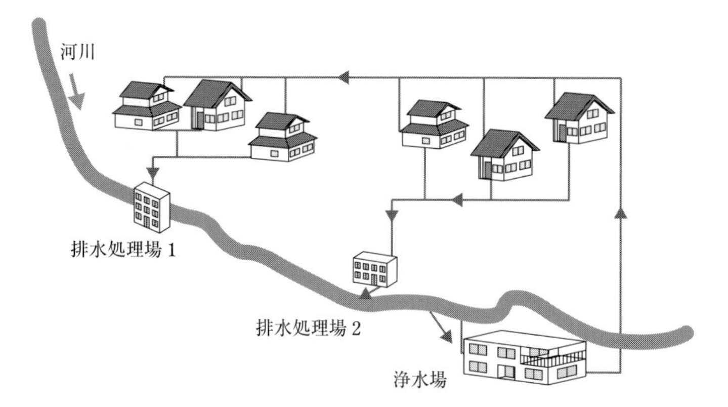

図 2.12　埼玉県で発生したクリプトスポリジウムの集団感染事例（山本ほか，2000 を改変）
浄水場の上流に排水処理場があり，家庭との間でオーシストが循環したと考えられた．

の浄水施設に改善を要請した．

海外でも集団感染事件は起きている．1993 年，米国ウィスコンシン州のミルウォーキーでは，水道供給人口の約半分にあたる 40 万 3000 人が感染したとされる事件がある（真砂，2007）．推定で 54 人（100 人以上とする報告もある）の死者が出たとされている．クリプトスポリジウムの治癒には，免疫機構が重要であると先に述べたが，死者の約 85% は AIDS 患者であった（Hoxie *et al.*, 1997）．ミシガン湖から原水を取水していたが，近隣の浄水場の不備により水道水が汚染されたと考えられた．原因となったクリプトスポリジウムは，*C. hominis* であった．

水系感染症としての特性をもつクリプトスポリジウムは，国内外で水泳プールでの集団感染事件も報告されている．我が国でも 2004 年に長野県のプール・体育館等の運動施設において起きた，288 人の下痢等の症状を示す集団感染事件がある（高木ほか，2008）．プールでの感染は，原虫による汚染と新たな曝露が時間的に同時点であることが多く，また距離も近いため，汚染の除去や不活化の過程を経ることは困難である．上述した通り，クリプトスポリジウムは現在のところ，即効性のある駆虫薬はなく，自然治癒するのを待つ間，数十回の下痢等の症状が出て，場合により入院が必要となる．そして，社会活動は大きく制限され，また感染者が直ちに汚染源となるため二次被害をもたらす．オーシストは集団的に被害を与える意味ではテロ等の生物兵器として悪用されないとも限らない．本原虫は感染症法により全数報告対象（5 類感染症）として，診断した医師は 7 日以内に最寄りの保健所に届け出なければならない，とされている．また，特定病原体の四種病原体として指定され，研究等での取り扱いは法に基づく規制が課せられ，厳重な管理が義務付けられている．

b. ランブル鞭毛虫

クリプトスポリジウムによく似た性状の原虫として，ランブル鞭毛虫がある．ジアルジア（*Giardia intestinalis*）とも呼ばれ，ヒトや動物に感染し，水様性の下痢症状を引き起こす．我が国を含む世界に広く存在し，感染者は2～3億人といわれている．この原虫は強固な殻に包まれたシストとして環境中に存在し，経口的に摂取され，感染する．消化管内で脱シストした虫体は，カブトガニのような形態の栄養型として，小腸で二分裂により増殖する（泉山ほか，2012）．この栄養型は外観からモンキーフェイス（猿顔）とも呼ばれる（図2.13）．糞便中には栄養型とシストが排泄されるが，シストは環境中で長期間生存できる．

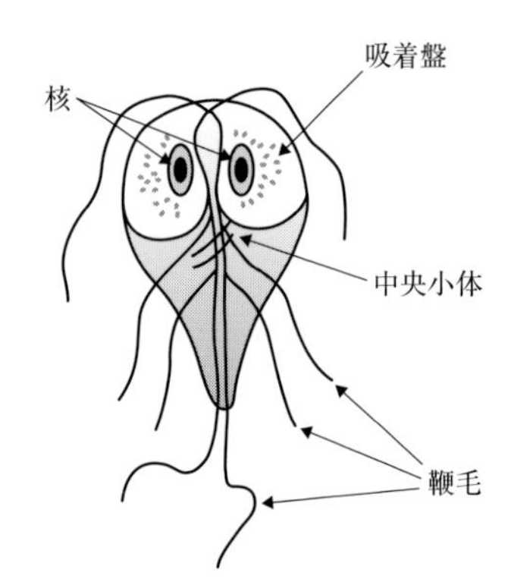

図2.13　ランブル鞭毛虫の栄養型の模式図
左右に2個の核と吸着盤，そして鞭毛を有する．大きさは約10～15 μmである．

本原虫も水系感染症であり，汚染された生水，さらに汚染水で洗浄した生野菜や生ジュース，そしてプールや河川，湖沼等での水浴でも感染する．感染しても症状が出ない場合もあるが，糞便中には原虫が含まれるため，無症状キャリアとして感染源となる．治療薬はメトロニダゾール等が使用できる．熱帯や亜熱帯等の衛生環境の悪い地域では感染率は数十%と高く，その場所を訪れた日本人が感染する事例も多く，渡航者下痢症としても重要である．クリプトスポリジウムと同様に消毒薬により殺滅することができず，浄水等で検出された場合には，給水停止の措置がとられる．ジアルジアは感染症法で5類感染症として指定されている．動物では犬や猫，牛でジアルジアが検出されるが，近年の遺伝子解析でヒトに下痢症を引き起こす遺伝子型とは異なるとの知見が得られており，ヒトの感染源としては重要ではないと考えられている．〔松林　誠〕

文　献

Hoxie, N.J., *et al.*: Cryptosporidiosis-associated mortality following a massive waterborne outbreak in Milwaukee, Wisconsin. *Am. J. Public Health*, **87** (12),

2032-2035, 1997.
泉山信司ほか：クリプトスポリジウム・ジアルジア．防菌防黴，**40**（12），779-785, 2012.
黒木俊郎ほか：神奈川県内で集団発生した水系感染 *Cryptosporidium* 症．感染症学雑誌，**70**（2），132-140, 1996.
真砂佳史：米国におけるクリプトスポリジウム症，水中の健康関連微生物シリーズ．モダンメディア，**53**（2），18-26, 2007.
高木正明ほか：プール水を介したクリプトスポリジウム症集団発生事例．感染症学雑誌，**82**（1），14-19, 2008.
山本徳栄ほか：埼玉県で発生した水道水汚染によるクリプトスポリジウム症の集団発生に関する疫学的調査．感染症学雑誌，**74**，518-526, 2000.

特殊な生物学のショーケース　日本にもまだ多い寄生虫症

2.2.2　赤痢アメーバ

a.　一般論・生活環

赤痢アメーバ（*Entamoeba histolytica*）は耳慣れない病原体かもしれない．しかし熱帯・亜熱帯では下痢症の原因としてありふれた寄生虫である．世界で年間500万程度の症例があり，4万～10万人の死者が出ている（Marie and Petri, 2014）．ヒト腸管には他に大腸アメーバ（*Entamoeba coli*），小形アメーバ（*Endolimax nana*），ヨードアメーバ（*Iodamoeba buetschlii*），*E. dispar* も寄生するが，これらは非病原性とされる（*E. dispar* は1993年まで非病原性の赤痢アメーバと考えられていた近縁種であり（Diamond and Clark, 1993），見た目は赤痢アメーバにそっくりである）．

赤痢アメーバには栄養型とシストの2つの発育段階（ライフステージ）がある（図2.14）．主な寄生部位である大腸では活発なアメーバ運動をする栄養型が存在し，その一部がキチン質の殻をもつ環境耐性のあるシストとなって糞便中に排出される（図2.14-4）．排出されたシストを経口摂取することで感染が広がる（図2.14-1, 6）．よって衛生状態が悪いとシストに汚染された飲食物を介して蔓延する．

では2020年現在でも，日本を含む東アジアの先進国，オーストラリアや台湾でも赤痢アメーバの国内感染が問題になっているのは何故だろう？　公衆衛生インフラや衛生教育が整っているにもかかわらず，日本では報告例の実に80%が国内感染例である．正解は性感染症である．性行為の多様化や，MSM（men who have sex with men）間での交渉により糞口感染が起きている．よってHIV陽性者，性感染症感染者はリスクグループと考えられ，赤痢アメーバ検査が行われる

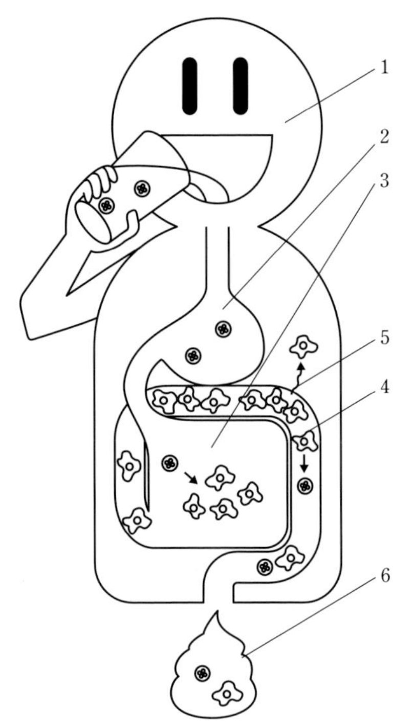

図 2.14　赤痢アメーバの生活環

：シスト

：栄養型

1：シストに汚染された飲食物の経口摂取により感染する.
2：シストは胃酸に耐性.
3：小腸で栄養型へと脱嚢がある.
4：大腸に寄生する（腸アメーバ症）.
5：組織穿孔が起こると血行性に転移して腸管外アメーバ症となる. 肝臓が好発部位.
6：患者からは栄養型とシストが排出され, 感染源となる.

場合がある. さらに老人施設や障害者施設で衛生状態を保てない状況があると感染が起き, 日本国内でも発生例がある. 日本国内は決して安全地帯ではなく, 赤痢アメーバは日本で最も報告数の多い原虫感染症の原因であり, 2013 年以降報告数は年間 1000 例を超えている.

b. 病態

赤痢アメーバ感染によって起こる病気はアメーバ赤痢（赤痢アメーバ症, アメーバ症：amebiasis）と呼ばれる. 栄養型に病原性があり, 多くは大腸, 特に回盲部への寄生による腸管症状を示す. 出血を伴う下痢（赤痢）, 腸管内腔への開口は小さいが内部に大きな病変があるフラスコ型潰瘍形成が代表的な症状である（図 2.14-4）. また腸管組織に侵入し, 血行性に転移すると, 肝臓, 肺, 脳, 皮膚などの腸管外に膿瘍を形成する腸管外アメーバ症となる（図 2.14-5）. 肝臓が好発部位であるため, 肝臓での病変は特にアメーバ性肝膿瘍（ALA：amebic liver abscess）と呼ばれる. 腸アメーバ症が重症化すると腸管外アメーバ症になるという印象をもつが, 実は ALA 患者の多くには腸管症状がない. 最近の日本の研究で，便潜血やHIV（human immunodeficiency virus）陽性で腸症状のない者の大腸スコープを行ったところ，それぞれ0.1%，11.3%でアメーバ性の病変が発見された（柳川・永田，2016）．よってALA患者は無症状のうちに組織穿孔が起こり，原虫が転移していると考えられる．

赤痢アメーバによるアメーバ症には実は3種類の病態があるとされ，80～90%の感染者は無症候性，有症者の90%が腸アメーバ症，残り10%がALAなど腸管外アメーバ症となる．よって感染者は有症者の9倍存在する計算になり，日本にも1万人規模の感染者がいるはずである．ではアメーバ症の症状はどうしてこのように多様なのか？　残念ながら未だにハッキリとした答えはない．現在も多くの研究がなされており，宿主の免疫状態，腸管細菌叢，さらに寄生虫自体の特徴が病原性に関係すると考えられている．具体的には組織破壊を起こす各種分解酵素の分泌，宿主組織への接着，組織侵入に必須な運動能力，宿主免疫応答の活性化といった複合的要因が関与する．細菌のように毒素で病原性が決まるわけではないため，分離した原虫の病原性評価は現在も難しく，研究が待たれる．

c.　予防法・診断・治療

予防方法はシストを口に入れないこと，すなわち安全な飲食物を口にすることであり，調理前，食事前の手洗いが有効である．診断は便検体や肝臓ドレイン（肝膿瘍の内容物（膿）を体外に排出させたもの）の顕微鏡観察，遺伝子検査，あるいは抗原ELISA検査により病原体の存在を証明することで行われる．一般に赤血球を貪食した栄養型の証明がアメーバ赤痢診断の標準といわれるが，糞便中の白血球，植物，胞子などの誤認も見られるため，要注意である．また，血清中の抗赤痢アメーバ抗体価の評価も診断の目安となる．抗体価は過去の感染に起因する場合もあるため，病原体の検出が優先されるが病態や投薬後の応答から総合的に赤痢アメーバ症と診断されることもある．栄養型の治療にはメトロニダゾールの，シスト陽性者にはパロモマイシンの経口投与が行われる．現在メトロニダゾールは栄養型の治療に保険適用されている唯一の薬剤であり，多様な嫌気性病原体（ピロリ菌，ランブル鞭毛虫，トリコモナス原虫）にも使用される．ただしほかの病原体で薬剤耐性の報告があり，赤痢アメーバにおいても耐性獲得のリスクがある．よって医師に指導された服薬量と期間はしっかり守る必要がある．

赤痢アメーバは熱帯，亜熱帯地域に広く分布しており，途上国への渡航の際には考慮すべき原虫である．また，国内では性感染症の発生動向と相似し，人口の多い都市部での報告例が多い．

d. 赤痢アメーバ症の新局面

日本の赤痢アメーバ症の80% は国内感染であり，患者も男性が80% を超える．これはMSM 間での感染が多いこと，男性ホルモンが抗赤痢アメーバ効果をもつ免疫系を抑制するため発症しやすいことで説明されてきた．しかし近年，異性間性交渉による感染例の増加が報告されており，女性キャリアの増加が懸念される（金山ほか，2016）．また，赤痢アメーバ抗体価の高い無症候者は1年以内に発症するリスクが有意に高いことが示されている（Watanabe *et al.*, 2014）．これまで無症候者は治療の対象とはなっておらず統計も取られていない．しかし発症リス

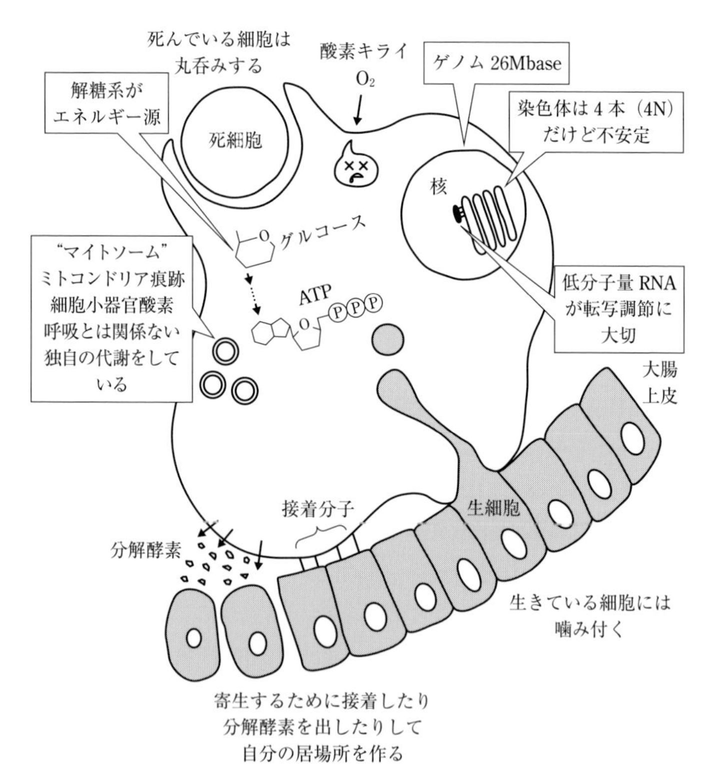

図2.15 赤痢アメーバの生物学

嫌気性代謝を行う初期に分化した真核生物として，モデル生物ではみられないユニークな特徴がある．たとえばミトコンドリアを縮退させたマイトソームをもつ，解糖系だけにエネルギー産生を頼っている，ゲノムはコンパクトで4倍体を基本とするが不安定であるなど．一方で，転写調節に低分子量RNA が重要であったり，がん細胞のように接着と分解酵素の分泌で自分の居場所を作って場合によって転移したり，好中球のように死んだ細胞を丸呑みし，生きた細胞には噛み付いて一部だけ取り込む（トロゴサイトーシス）など，哺乳動物細胞でみられる現象と相似する部分もある．非モデル生物として興味深い研究対象でもある．

クがあること，感染拡大の原因となることが懸念される以上，今後は無症候者への対策を推進する必要がある．

e.　赤痢アメーバ原虫の基礎生物学

赤痢アメーバ原虫は病原体としてだけでなく，初期に分化した真核生物として生物進化，生物過程の研究対象としてユニークなモデルを提供している（図2.15）．地球上の生命は核のない原核生物として成立し，他の原核生物を自身に取り込み複雑化して核と細胞内膜系を備えた真核細胞が成立，多細胞生物へと進化する礎となった．取り込まれた原核生物の1つはミトコンドリアであり，酸素呼吸の場として今も我々と共にある．

1990年代まで，赤痢アメーバはミトコンドリアを獲得する以前の原始的な真核生物と考えられてきた．しかし赤痢アメーバにもミトコンドリア由来のタンパク質が保存されていることが示され，腸管という低酸素環境に適応したため酸素を使った呼吸鎖を捨て，ミトコンドリアを縮退進化（単純化に向かう進化）させたユニークな生物であることが明らかとなった．このミトコンドリア痕跡細胞小器官（マイトソーム）は酸素呼吸とは全く関係のない代謝系を内包し，相変わらず赤痢アメーバの生存に必須な細胞小器官であり続けている（Santos *et al.*, 2018）．その他にも宿主であるヒトの細胞をユニークな分子機構で食いちぎりながら取り込み，最終的に殺すトロゴサイトーシスという現象を起こすこと（Somlata, *et al.*, 2017），ゲノムサイズは小さいのに4倍体で染色体維持方法が独特であるため不安定であることなど，代表的なモデル生物の解析からでは知り得ない多様な分子過程をもつ．赤痢アメーバ独特の代謝系や生物過程の分子レベルでの理解は，新規抗赤痢アメーバ薬の創薬標的やワクチン創成の手がかりとなる．さらに真核生物の多様な営みの理解は地球上の生命全般への深い理解につながる．病原体として排除すべき対象であるが，彼らの独特な生き様はどこか憎めず，興味が尽きない．

〔津久井久美子〕

文　献

Diamond, L. S. and Clark, C. G.：A redescription of *Entamoeba histolytica* Schaudinn, 1903（Emended Walker, 1911）separating it from *Entamoeba dispar* Brumpt, 1925. *J. Eukaryot. Microbiol.*, **40**（3）, 340–344, 1993.

金山敦宏ほか：性感染症としてのアメーバ赤痢の国内疫学，2000～2013年．病原微生物検出情報，**37**, 241–242, 2016.

Marie, C. and Petri, W. A. Jr.：Regulation of virulence of *Entamoeba histolytica*. *Annu.*

Rev. Microbiol., **68**, 493-520, 2014.
Santos, H. J. *et al.*：Reinventing an Organelle: The reduced mitochondrion in parasitic protists. *Trends Parasitol.*, **34**（12）, 1038-1055, 2018
Somlata. *et al.*：AGC family kinase 1 participates in trogocytosis but not in phagocytosis in *Entamoeba histolytica*. *Nat. Commun.*, **8**（1）, 101, 2017.
Watanabe, K. *et al.*：Clinical significance of high anti-*Entamoeba histolytica* antibody titer in asymptomatic HIV-1-infected individuals. *J. Infect. Dis.*, **209**（11）, 1801-1807, 2014.
柳川泰昭・永田尚義：アメーバ性腸炎の内視鏡診断．病原微生物検出情報，**37**, 246-248, 2016.

温泉から！ プールから！ コンタクトレンズから！ 身近に存在する危険

2.2.3 その他の寄生性アメーバ―病原性自由生活アメーバ―

a. フォーラーネグレリア

他の生物に寄生しなくても生存できるアメーバを自由生活アメーバと呼ぶが，まれにヒトや動物に寄生して病気を起こす種がある (Garcia, 2016；八木田, 2018)．なかでも「脳食いアメーバ」として恐れられているのが，フォーラーネグレリア（*Naegleria fowleri*）である．その生活環では，二分裂で増殖する栄養型，乾燥や低温，低栄養などの環境にも強いシストのほか，活発に運動する鞭毛型もみられるのが特徴である（図 2.16）．

このアメーバは河川，湖沼，温泉などの温かい淡水や湿った土壌中に生息しているが，ヒトが湖やプールなどで泳いだときに鼻腔の粘膜から侵入することがある．アメーバは嗅神経に沿って脳まで移動し，増殖して組織を溶解するため，脳炎が起きる．原発性アメーバ性髄膜脳炎といい，進行がとても早い．感染して1

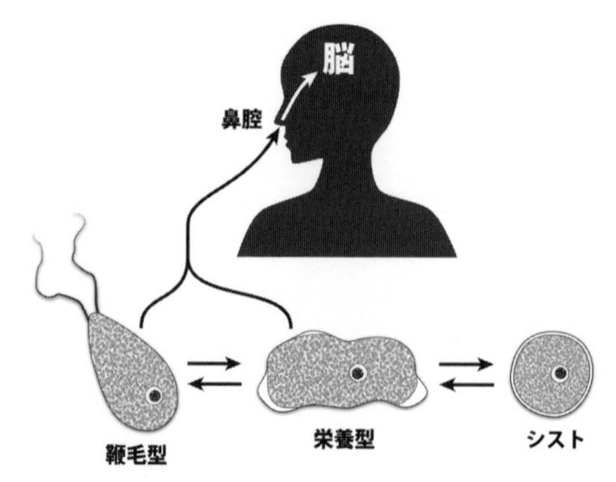

図 2.16 フォーラーネグレリアの生活環（イラスト：鈴木智也）

週間以内に，突然の頭痛や発熱，嘔吐などの症状が現れ，それからわずか 1 週間ほどで死亡する．これまでに世界で 200 例以上報告されているが，アメリカ合衆国からの報告が多く，死亡率は 97% 以上である．患者は子供や若年の成人に多いが，それは遊泳機会が多いからであろう．わが国では，九州で 25 歳の女性の感染が 1 例だけ報告されており，この女性は症状が現れてから 9 日目で亡くなった．本人から直接確認することができなかったので，家族や友人からの聞き取りが行われたが，感染の機会を特定することはできなかった．

アメリカ合衆国では，疾病管理予防センター（CDC）の報告によると 2009 年から 2018 年の 10 年間だけでも 34 人の感染が確認されており，このうちの 30 人はプールも含めたレクリエーション水域で感染している．この数は溺死した人の数に比べると 1000 分の 1 程度なので，現実的な感染リスクはとても低いといえる．46℃でも生育できるアメーバだが，適切に消毒されたプールでは感染しない．また，3 人は汚染された水を使った「鼻うがい」（鼻洗浄）によって感染したことがわかっている．最近，ミルテホシンという薬を使って救命できたケースが報告されているが，よほど早くにこの脳炎を疑わなければ間に合わない．

b.　アカントアメーバ

アカントアメーバ（*Acanthamoeba* spp.）も脳炎を起こす自由生活アメーバであり，その生活環には栄養型とシストがある（図 2.17，図 2.18）．acanth はとげを意味し，栄養型の表面には多数のとげ状の偽足がみられる．このアメーバは，水，土壌，塵など私たちの身近な環境中に存在しており，エアコンのフィルターからも見つかる．通常の生活のなかで，ヒトがシストを吸い込んだり，シストや栄養型を含む土などが傷ついた皮膚に接触したりすることによって，肺や皮膚に侵入する．さらに，糖尿病や AIDS などで免疫機能が低下していると，アメーバが血管に入って脳に運ばれ，脳炎を起こす．肉芽腫性アメーバ性脳炎といい，精神状態の変化や頭痛などの症状を示す．数週間から数ヶ月の緩やかな経過をたどるが，この脳炎も死亡率は

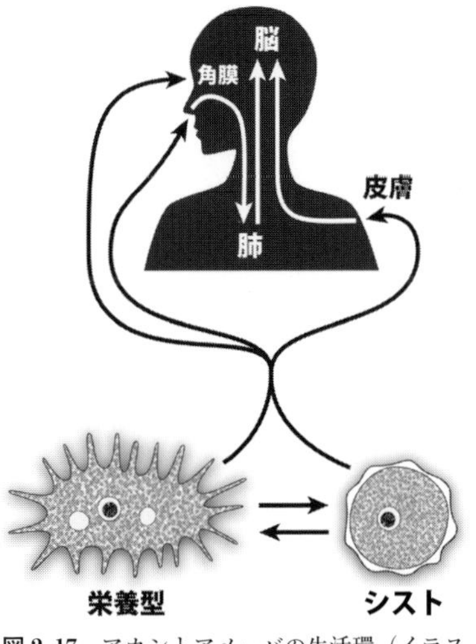

図 2.17　アカントアメーバの生活環（イラスト：鈴木智也）

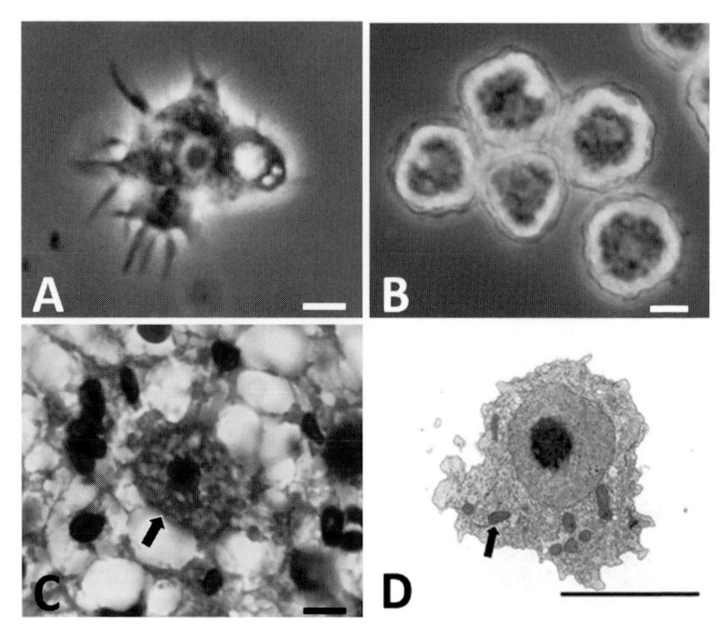

図2.18 アカントアメーバの栄養型とシスト

(A) 角膜炎患者から分離した栄養型の位相差顕微鏡像．多数の突起と核の中には大きなカリオソームがみられる．大腸菌や納豆菌を餌にして，容易に培養できる．(B) 同じくシスト．多数増殖して餌がなくなると，殻に包まれた休眠型になる．(C) 脳組織内の栄養型（矢印）．(D) 栄養型の電子顕微鏡写真．好気性のアメーバなので，赤痢アメーバではみられないミトコンドリアが観察される（矢印）．スケールはすべて 5 μm.

高い．世界で200例以上，わが国でも少なくとも4例の報告がある（Hara *et al.*, 2019）．治療にはミルテホシンと抗真菌薬などを用いる．

アカントアメーバは角膜炎も起こす．初期の症状は涙や充血，強い眼の痛み，視力障害などであり，やがて角膜が混濁し，輪状の潰瘍を形成する．注目すべきは，アメーバ角膜炎患者の多くがコンタクトレンズを使用していることであり，先進国では使用者の3万〜100万人に1人の割合で発生している．アカントアメーバは水道の蛇口やシャワーヘッドからも検出される．コンタクトレンズを水道水で洗浄，保存することや，コンタクトレンズを着けたままでの水泳や入浴，シャワーも感染の要因になる．栄養型となったアメーバはコンタクトレンズと角膜の隙間で増殖し，レンズの装着によって傷ついた角膜へ侵入するのである．コンタクトレンズの手入れでは，清潔な手でのこすり洗いや毎回新しい液での消毒を怠らないこと，また，栄養型は細菌を餌にして増殖するので，レンズケースを清潔に保つことも大切である．最近では1 day型のレンズも普及してリスクは減っているものの，装用時間や使用期間を守るなど，正しい使用法を心がけたい．治療は，病巣を削り取り，消毒薬，抗真菌薬の点眼薬を使用するが，とても治りにくい．

c.　バラムチア マンドリラリス

アカントアメーバと同じく肉芽腫性アメーバ性脳炎を起こすのがバラムチア マンドリラリス（*Balamuthia mandrillaris*）である．種小名は，1986年にサンディエゴの動物公園で死亡したマンドリルの脳から最初に見つかったことに由来する．他の霊長類，羊や馬の死亡例もある．このアメーバも生活環では栄養型とシストがあり，主に土壌中に存在している（図2.19）．

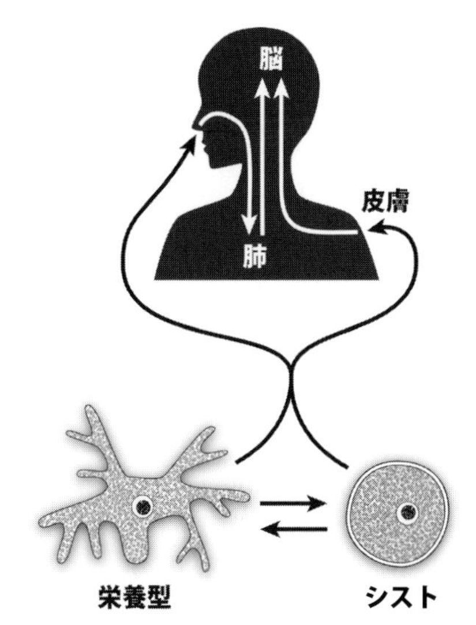

図2.19　バラムチア マンドリラリスの生活環（イラスト：鈴木智也）

アカントアメーバと同じ経路で感染するが，免疫機能が正常でも脳炎を起こすことが特徴である．臓器移植による感染も報告されており，ある提供者からそれぞれ腎移植を受けた2人の患者が脳炎になったため，調べたところ提供者が実はバラムチアで亡くなっていた例や，肝臓を移植された患者と腎臓と膵臓を移植された患者がともに死亡した例もある．また，バラムチアでも鼻うがいによって感染した例が報告されている．バラムチアによる脳炎も世界で200例以上報告されているが，アメリカ合衆国やペルーからの報告が多い．わが国でもこれまでに東北から九州の広い範囲で18例の報告があるが，感染の経緯はよくわかっていない（Hara *et al*., 2019）．アカントアメーバに比べるとバラムチアの分離，培養は難しいが，最近，青森で土から分離されている．わが国でもさらに調査研究が必要なアメーバである．

〔橘　裕司〕

文　献

Garcia, L. S.：Free-Living Amebae. In：*Diagnostic Medical Parasitology 6th ed*., pp. 667–693, ASM Press, 2016.

Hara, T. *et al.*：Pathogenic free-living amoebic encephalitis in Japan. *Neuropathology*, **39** (4), 251–258, 2019.
八木田健司：住宅内に潜み「ヒトに害をなす」原生生物．土の中に潜みヒトに害をなす原生生物．アメーバのはなし（永宗喜三郎ほか編），pp. 36–44, pp. 67–69，朝倉書店，2018.

Column 5　冬虫夏草にみる寄生と共生

冬虫夏草は，広義には子嚢菌類に属する昆虫寄生菌（種類によって昆虫以外に寄生するものもある）で，狭義にはチベット高原産のコウモリガの幼虫に寄生する菌で「冬は虫で夏は草になる不思議な生き物」を指し，古くから漢方薬として利用されてきた歴史に由来している．チベットやブータンでは現在でも「コルジセプス（冬虫夏草）」という名前でこの漢方薬を売っている．広義の冬虫夏草は種類によって宿主も生息環境もさまざまである．この仲間はまた，特にセミの幼虫に寄生するものが多様であることが知られている．

冬虫夏草はかつて，主にバッカクキン科のコルジセプス（*Cordyceps*）属にまとめられていたが，分子系統解析が進むにつれ，バッカクキン科，コルジセプス科，オフィオコルジセプス科などに分割されるようになっている．セミの幼虫から発生する冬虫夏草もいくつかの分類群にまたがっているが，最近，琉球大学の松浦優博

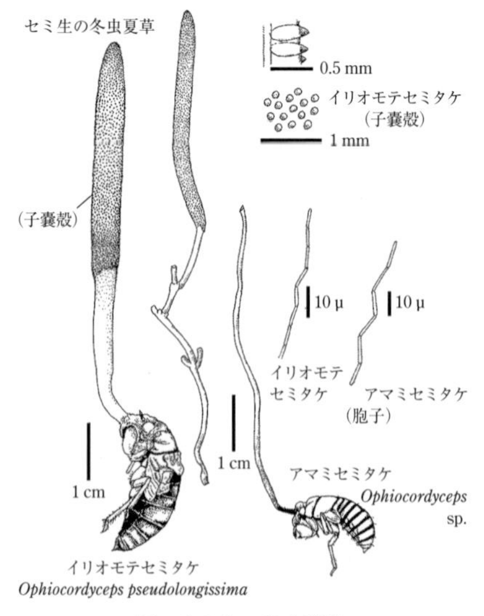

図　セミ生の冬虫夏草

士らの研究により興味深いことがわかってきている．植物の導管液という栄養分が限られたものに食料を頼っているセミは，体内に共生微生物をすまわせることで必須アミノ酸を得ているのだが，松浦博士らの研究により，本来の共生者であったバクテリアが，真菌類，しかも冬虫夏草の仲間（オフィオコルジセプス科・オフィオコルジセプス（*Ophiocordyceps*）属）に置き換わっている例が数多く見つかったのである．寄生者が共生者に置き換わったわけであるが，その過程がどうだったのかは，まさにまだ研究中だ．それにしても，都会でも耳にするセミの体内に冬虫夏草が隠れているとは，なんとも不思議な気がする．〔盛口　満〕

「嫁に行くなら棺桶を背負って行け」？　皮膚から侵入してくる吸血鬼

2.2.4　住血吸虫

「竜地，団子へ嫁に行くなら，棺桶を背負って行け」「嫁には嫌よ，野牛島は，能蔵池の葦水飲む辛さよ」これは，かつて日本において，地方病として恐れられた住血吸虫症流行地に嫁ぐ娘の心情を歌ったものである．この病気は，山梨県甲府地方，広島県片山地方，福岡県筑後川流域と，ある特定の地域にだけ流行する風土病であった．明治時代以前より住血吸虫症は，「水腫脹満（すいしゅちょうまん）」と呼ばれ，原因不明の奇病として住民から大変恐れられていた．主な症状として，発熱・下痢に始まり，手足は痩せ細り，その逆に腹水が溜まることにより腹が膨れ上がっていく．その結果，治療しなければ数年の内に死亡してしまう．本項では，現在，アフリカ・南アメリカ・アジアを中心に世界で約2億人以上の感染者を出し，「顧みられない熱帯病」の中で特に死亡者数の多い住血吸虫症（schistosomiasis）について紹介する．

a.「水腫張満」の原因である「日本住血吸虫」の発見

この奇病である「水腫脹満」の原因が判明したのは，1904年，岡山医学専門学校（現在の岡山大学）教授である桂田富士郎（かつらだふじろう）が，中巨摩郡大鎌田村（現・甲府市大里町）で開業していた医師，三神三朗（みかみさぶろう）のもとを訪ねるところから始まる．出会ってすぐに2人は，「水腫脹満」の原因について深く議論を交わした．まず，患者の糞便に虫卵が見られることから，新種の寄生虫こそが「水腫脹満」の原因であると考えた．また，家畜や犬，猫への感染が見られることから，人獣共通の感染症であることにも気づいた．そこで桂田は，周囲にいる野良猫や野良犬を解剖させて欲しい，と三神に頼んだ．ところが三神は，自身の飼い猫である「ひめ」を提供する旨を伝えた．これは，桂田の話を聞いた三神が，「ひめ」も「水腫脹満」

を患っており，新種の寄生虫に感染していると確信したためであった．その晩，「ひめ」は安楽死後に解剖され，肝硬変を患う典型的な「水腫脹満」であることが確認された．アルコール漬けにした臓器を持ち帰った桂田は，1ヶ月後，腸管と肝臓を繋ぐ門脈という太い血管で，白い虫体を見つけることになる．2つの吸盤と，体の中心を溝が縦断しているオスの虫体であった．1904年5月26日，これが日本で初めての住血吸虫発見となった．桂田は，この寄生虫を日本住血吸虫（*Schistosoma japonicum*）と命名し1904年8月4日付けの学術論文で発表した．

b. 「日本住血吸虫」のヒトへの感染経路の解明

さて，「水腫脹満」の原因が住血吸虫であることが判明したからといって，病気が直ぐに治るわけではない．その予防法・治療法の開発のためには，感染経路を含む生活環の解明が必要不可欠であった．感染経路については，農業を営む人が多く感染していること，水田での「皮膚かぶれ」の症状が関係していたことなどから，経皮感染を疑う声が上がった．しかし，当時の研究者達の常識では，飲水や飲食による経口感染こそが寄生虫の感染経路であると信じ，そこに異を唱える者はいなかった．京都帝国大学（現・京都大学）医学部病理学教室の教授であった藤浪（ふじなみ） 鑑（あきら）はこの問題を解決するために，大規模な感染実験を行った．広島の流行地で，マスクをつけた群（経口感染を防ぐ）とゴム製の胴長を履いた群（経皮感染を防ぐ）に分けた牛を野外に放った．藤浪は経口感染支持者であったが，結果は予想とはまったく異なるものとなった．マスクをつけた牛が全頭感染し，胴長を履いた牛はまったく感染しなかったのである．その後，複数の研究者が同様の動物実験を重ね，住血吸虫症は水中からの経皮感染であることが結論づけられ，当時の常識は覆されたのであった．

c. 「日本住血吸虫」感染源の発見

では，何がヒトや動物に感染するのであろうか．多くの研究成果により，住血吸虫の感染幼虫は糞便内の虫卵とは別の形態のものであることがわかった．また，その発育のためには中間宿主が必要であることも推測された．1913年，九州帝国大学（現・九州大学）医学部衛生学教室の教授である宮入慶之助（みやいりけいのすけ）と研究生の鈴木（すずき）稔（みのる）は，流行地の1つである福岡県の筑後川流域で，中間宿主探索を行っていた．彼らは現地で情報を集め，入ると必ず「皮膚かぶれ」になるという水田用水の溝から1 cmにも満たない小型の巻貝を多数発見した．採取してきた貝を水槽に入れ，虫卵から孵化させた幼虫（ミラシジウム）を混ぜて観察してみると，幼虫は次々に貝の方に吸い込まれていった．この後，彼らは貝体内での幼虫の発育を観察し，尻尾をもつ別の幼虫への発育を確認した．この幼虫こそが日本住血吸虫の感染幼虫（セルカリア）であった．すぐさま，彼らはネズミへの感染実験を行い，発育した日本住血吸虫の成虫を門脈から回収した．かくして，この巻貝が日本住血吸虫の中間宿主であることが確認され，住血吸虫の中間宿主貝として世界初の発見となった．しかも，この巻貝は新種であることもわかり，発見者の宮入の名をとりミヤイリガイと命名された．このように，ミヤイリガイの生息している地域でのみ住血吸虫は流行するということがわかり，これこそが住血吸虫が風土病である理由であったのだ．

d. 皮膚を突き破る感染幼虫「セルカリア」

ここで住血吸虫の生活環を整理してみよう（図 2.20）．感染幼虫であるセルカリアは，日中の光の刺激・温度により中間宿主貝から水中に游出する．面白いことに，住血吸虫の種類によってセルカリアの行動もまったく異なることが知られている．日本住血吸虫の場合，水面に上がったセルカリアはピタリと動きを止め，宿主が来るのをじっと待つ．まさに地雷や機雷のようである．一方，アフリカや南米などに分布するマンソン住血吸虫（*S. mansoni*）の場合，絶えず水中を動き回り，そこを通過する宿主に引き寄せられ付着する．マンソン住血吸虫のセルカリアは不飽和脂肪酸であるリノール酸に強い走化性があることが知られており，

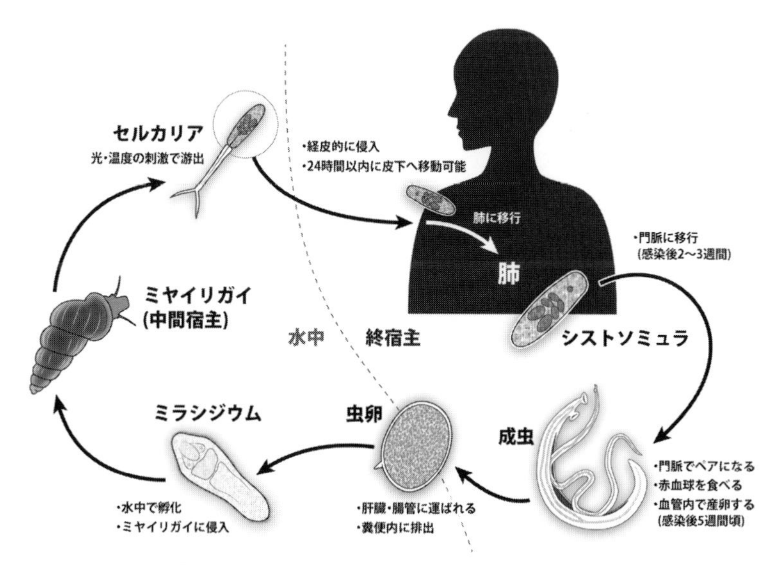

図 2.20 日本住血吸虫の生活環（イラスト：鈴木智也）

宿主探知能力が備わっているのである．こちらは追尾ミサイル型であるといえよう．一般に，セルカリアは宿主の表面に付着すると，タンパク質分解酵素や多糖分解酵素を分泌し，宿主の皮膚に直接侵入する．これらの酵素が「皮膚かぶれ」を引き起こすアレルギーの原因となる．そのため，日本住血吸虫では水面近くで触れた場所に「皮膚かぶれ」を起こし，マンソン住血吸虫では水に浸かった部分全体で「皮膚かぶれ」が見られる．

e. 雌雄ペアになって赤血球を食べる「成虫」

経皮感染したセルカリアは瞬時に尾を切り離し，シストソミュラと呼ばれる幼虫になる．この幼虫が皮内に潜り込み毛細血管に侵入し，血行性に肺に運ばれる．その後，大動脈を経て肝臓に移動し，腸管と肝臓をつなぐ血管である門脈へと到達する．門脈で幼虫が最初に行う大切なイベントは相手探しである．住血吸虫は他の吸虫とは異なり，雌雄が分かれており，ペアになれないと成熟できずに死んでしまうためだ．一方で，門脈は腸管で吸収された栄養分がすべて集約する場所であり，その血液は体内で最も栄養豊富である．そのため，赤血球を食べた住血吸虫はその血管内で急激な成長を遂げる．また，赤血球に含まれている鉄へムタンパク質は性成熟や産卵のための開始シグナルであることが知られている．その名の通り，住血吸虫にとって血液は，切っても切り離せない関係であるといえよう．

f. 「虫卵」によって引き起こされる「住血吸虫症」

成虫により腸管壁に産みつけられた虫卵の周りには免疫細胞が集まり強い炎症が起こる．この炎症により壊死した組織は腸管腔内に虫卵と共に脱落する．これが組織内に産み付けられた虫卵が糞便に混じる仕組みであり，そのため腸管には血便を伴った多数の損傷が見られる．また，虫卵の多くは肝臓にも運ばれる．肝臓内に蓄積した虫卵も強い炎症を起こし，最終的には石灰化し結節を形成する．これが肝硬変や肝肥大，腹水が溜まる原因になる．不幸にも，虫卵が血流に乗って脳に運ばれることもあり，その場合，てんかんや神経症状を引き起こし重症化することもある．

一方で，アフリカ全土に生息するビルハルツ住血吸虫（*S. haematobium*）は，門脈ではなく膀胱周囲の静脈に寄生し産卵する．そのため，膀胱内に脱落した虫卵は，血尿を引き起こしながら外に排出される．ビルハルツ住血吸虫では，日本住血吸虫やマンソン住血吸虫のような「水腫脹満」の症状を示すことはなく，感染によって死亡することもほとんどない．しかし，このビルハルツ住血吸虫の感染は，膀胱がんの発症に関係があることが知られており，決して放置しておくべき疾患ではない．また，膀胱近くで虫卵が産み落とされることから，女性の生殖器に障害を示す例も報告されている．この場合，難治性であり，不妊や AIDS のリスクを増強させるといわれている．

g. 「住血吸虫症」の対策と今後

1979 年に有効な治療薬であるプラジカンテルが開発され，世界の住血吸虫流行地で大規模な薬剤配布が行われ，多くの地域での感染率は激減した．日本では，プラジカンテル開発以前に，副作用の強かった酒石酸アンチモンナトリウム（商品名：スチブナール）の使用，貝を殺すための農薬・生石灰・火炎放射器の使用，貝の生息環境を減少させるコンクリート灌漑事業，小学生への衛生教育などさまざまな対策を行ってきた．その結果，戦後の経済成長も相まって，国内最大の流行地であった甲府で 1976 年の抗体陽性患者を最後に，死亡者，感染者はともに確認されなくなり，1996 年に日本住血吸虫症の終息が宣言された．現在，甲府においてはミヤイリガイの生息は確認されているものの，日本住血吸虫の感染はまったく確認されていない．

WHO はプラジカンテルを用いた対策を中心に，2020 年までに子どもの重症患者数を 5% 以下にする「公衆衛生上の制圧」を目標としている．また，2025 年までには，アジアで流行する住血吸虫症とアフリカの一部での住血吸虫症における感染者・感染動物・感染中間宿主貝をゼロにする目標を掲げている．現在，人類と住血吸虫の最後の戦いが行われており，このエンドゲームの行く末に世界の注目が集まっている．

〔熊谷　貴〕

文　　献

小林照幸：死の貝，文藝春秋，1998.
日本住血吸虫発見 100 年．医学のあゆみ，**208**（2），医歯薬出版，2004.
WHO : Schistosomiasis, 2019.（https://www.who.int/en/news-room/fact-sheets/detail/schistosomiasis）

Column 6　肝蛭の生殖のふしぎ

多くの吸虫は，1 個体がメスとオスの生殖器の両方をもつ．これを「雌雄同体」という．雌雄同体でも，メスの卵巣で作られた卵子とオスの精巣で作られた精子が受精して子孫を残す点は，哺乳類などの「雌雄異体」の生物と変わらない．

牛，羊，山羊，シカなどの肝臓に寄生する吸虫の肝蛭（かんてつ）には，*Fasciola hepatica* と *F. gigantica* という２種類がある．両種とも受精により子孫を残す．一方，アジアに分布する肝蛭には，精巣で精子を作る能力を失ったものが存在する．このような肝蛭は受精を経ずに卵が発育し，メスの性のみで子孫を残すので，上記の２種とは区別され，「単為生殖型肝蛭」と呼ばれている．

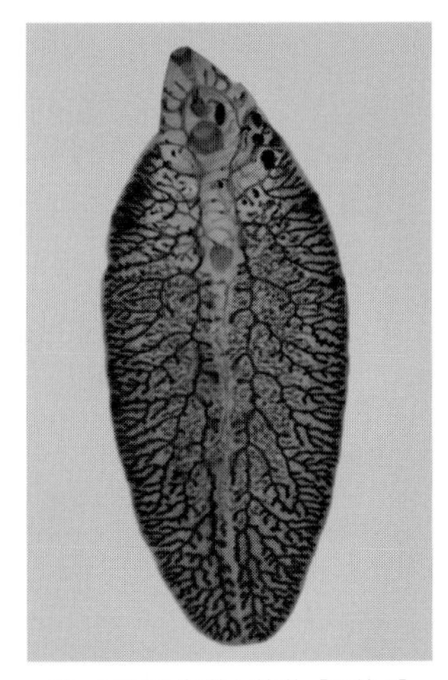

図　肝蛭の卵巣と精巣［口絵7］

単為生殖では，理論上は親と同じ遺伝子をもつ子孫しか生まれないため，遺伝的多様性の観点からは生物学的に不利のはずである．しかし，単為生殖型肝蛭の場合は，アジアの広い地域に分布するため，有利なグループと考えられている．

最近，単為生殖型肝蛭が *F. hepatica* と *F. gigantica* の種間交雑をきっかけに出現したことを示す証拠が見つかった．交雑により２種の遺伝子が混ざり合ったことが，生存に有利に働いたのだろう．一方で，交雑をきっかけにオスの生殖機能が失われたのはなぜか，受精を経ない卵が発育できるようになったのはなぜか，など，多くの疑問が残されている．これらの肝蛭の生殖のふしぎを今後の研究で解明したい．

〔関　まどか〕

北から来た悪魔　がんのように増える「とげボール」とは？

2.2.5　エキノコックス

a.　エキノコックスを知っていますか？

北海道を旅していると，野生のキタキツネに出くわすことも珍しくない．かわいらしい動物だが，無闇に触ってはいけない．キタキツネは危険な寄生虫の虫卵を排出している場合があるからだ．その寄生虫こそがエキノコックスで，虫卵がヒトの口に入ると幼虫が体内でがんのように増えて，命を脅かすこともある．「もしエキノコックスにかかったら薬で治せるの？」「ヒトからヒトにもうつるの？」「うちの近所にも広がってきたらどうしよう」……．知っているようで知らない，エキノコックスの正体に迫ってみたい．

b.　エキノコックスの正体

エキノコックスは扁形動物門条虫綱に分類され，その名称は，この寄生虫の属名 *Echinococcus*（「とげのある球」の意）に由来する．*Echinococcus* 属は複数の種からなり，北海道を中心に国内で主に問題となっているのは，多包条虫（*E. multilocularis*）である．多包条虫の分布は北半球に限られ，北海道の他にヨーロッパ・中国・シベリア・北米などにも流行がみられる．本項では多包条虫に焦点を絞り，この種を「エキノコックス」と呼んで話を進めたい．

エキノコックスの一生は，成虫期と幼虫期に分けられる（図 2.21）．発育期ごとに好適な宿主が異なり，終宿主はキタキツネや犬などのイヌ科動物，中間宿主はエゾヤチネズミなどの野ネズミである．成虫は条虫類としては例外的に小さく，数 mm 程度しかない．頭部（頭節）に付属する吸盤と鉤を使って終宿主の小腸粘膜に固着する．頭節のうしろには，数個の片節が串ダンゴ状に連なる．各片節は雌雄の生殖器を備え，片節内に約 200 個の虫卵をつくる．片節は本体から順次切り離され，糞便とともに終宿主から排出される．片節からこぼれ落ちた虫卵が，中間宿主への感染源となる．

中間宿主が虫卵を口から摂取すると，孵化した幼虫は肝臓に定着し，袋状に形を変えながら次の段階の発育を行う．この時期以降の幼虫は包虫と呼ばれ，寄生臓器でがんのように増える．包虫の寄生部位は主に肝臓だが，脳や肺などへの寄生例も知られている．また，原発病巣から転移するケースもある．包虫は無秩序

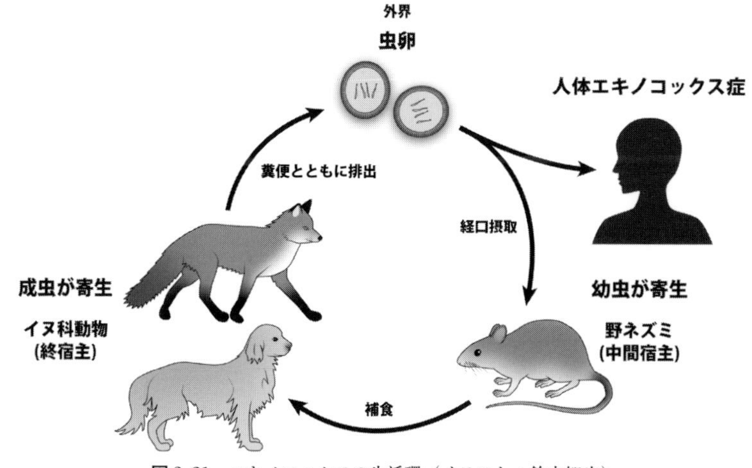

図 2.21　エキノコックスの生活環（イラスト：鈴木智也）

に増殖する一方で，その内部に原頭節と呼ばれる粒状の構造を形成し，その数は100万個以上に及ぶ．中間宿主を終宿主が捕食すると，遊離した原頭節が小腸粘膜に固着して成虫へと発育する．つまり，たった1個の虫卵から発育する包虫がおびただしい数の原頭節をつくり，それぞれの原頭節が成虫へと発育して次世代の虫卵をつくる能力を備えている．このような性質はエキノコックスの仲間にみられる特殊なもので，効率良く子孫を残すための戦略のようにみえる．

これでエキノコックスの一生が一巡したことになる．北海道では，キタキツネが毎日たくさんのエゾヤチネズミを食べて生きている．捕食者と被食者の関係を巧みに利用して命をつないでいるエキノコックスのしたたかな姿が，読者のみなさんにもみえてきただろうか．

c. 人体エキノコックス症

ヒトは，野ネズミと同様，エキノコックスにとって中間宿主に位置づけられ，虫卵を口から摂取した場合にのみ包虫の寄生を受ける（図2.21）．ヒトどうしの感染は起こらない．寄生された臓器は包虫の増殖により機能不全に陥り，死に至る例もある．これが人体エキノコックス症（包虫症）である．ヒトは野ネズミと違って好適な宿主ではなく，包虫の発育は遅くて不完全である．そのため，感染後の潜伏期間が数年以上に及ぶ．成虫の駆虫にはプラジカンテルがよく効くのに対して，包虫を殺滅できる治療薬は未開発で，治療は包虫の外科的切除に頼らざるを得ない．さらに厄介なことに，手術で除き切れなかった虫体はヒトの体内で増え続けて再発につながる．早期発見が難しい上に有効な治療薬がないという現状が，エキノコックス症の脅威をより深刻なものにしている．

d. 北海道のエキノコックスはヒトが持ち込んだ！？

北海道におけるエキノコックスの流行は，いつ頃始まったのだろうか．実は，北海道のエキノコックスの起源は太平洋で隔てられたアラスカ州セントローレンス島にあるとする説（Yamashita, 1973）が有力である．記録によれば，1890年，流行地であるセントローレンス島から野ネズミがキツネの餌としてベーリング島に移入された．その後もヒトの手によってキツネや野ネズミが島伝いに移され，1924〜26年には12ペアのキツネが毛皮生産などの目的で礼文島へ移入された．当時はエキノコックスに関する科学的解明が十分に進んでおらず，感染ギツネとは知らずに持ち込まれたとみられる．そして1936年，礼文島で最初の患者が発生したのを皮切りに，エキノコックス症は礼文島の奇病として猛威をふるった．徹底した媒介動物対策により，礼文島での流行は30年ほどで終息したものの，1965

年には礼文島から離れた根室市で患者が確認された．その後エキノコックスは道内各地に広がり，1990 年代のはじめまでには北海道のほぼ全域が流行地となって現在に至る．礼文島への侵入から 100 年足らずのできごとである．分布域の急速な拡大の背景には，古来北海道に生息していたキタキツネとエゾヤチネズミの存在がある．すなわち，北海道のエキノコックスは，もともと好適な宿主が揃っていた生態系の中にヒトの手によって持ち込まれ，みるみるうちに分布を広げたことになる．近年，北海道のキタキツネにおけるエキノコックス保有率は 40％を超える状況が続いている．このように感染圧が高い環境は，犬へのエキノコックス感染にもつながっている．2004～2018 年における感染犬の届出件数は北海道だけで 17 例を数えるが，見逃された例も少なくないと推測される．犬に成虫が寄生した場合，キツネと同様に虫卵を排出してヒトへの感染源となる．特に飼育犬は飼い主との距離が近く，きわめて危険である．

e.　流行地拡大の懸念

エキノコックス流行地の北海道外への拡大がかねてより懸念されてきた．宿主となる動物の分布状況などを考えると，北海道のような流行が広く定着するとは考えにくい．しかし，北海道以外でも原発とみられる患者の発生が以前からあり，局所的な感染源の存在は否定できない．ここで，本州における動物へのエキノコックス感染事例に触れたい．

本州への侵入が懸念されるなか，青森県で育成された豚への包虫寄生が 1999 年に確認された．しかし，それ以降は同県産の豚への感染例は見つかっていない．2005 年，今度は埼玉県で保護された犬からエキノコックスの虫卵が検出され，感染症法に基づき，本州以南では初となる「犬のエキノコックス症」として届け出られた．これを受けて，埼玉県では保護犬の検査を継続しているが，現在まで他の動物からは検出されていない．以上のように，本州においても動物への感染例が散発していたものの，同じ地域で感染が繰り返し確認される事例はなかった．ところが 2014 年以降，愛知県知多半島の一部地域で保護犬へのエキノコックス感染が繰り返し見つかっており，今や同地域にはエキノコックスの生活環が定着したと考えられている．現地では野犬が主要な終宿主の役割を果たしていると推測されているが，感染中間宿主はまだ発見されていない．今後，分布域が急速に広がるとは考えにくいが，清浄化に向けた取り組みが強く求められる．

f.　エキノコックスに学び，被害を減らす

エキノコックスについては恐ろしい病原体としてのイメージが先行しがちだ．

しかし，かつて礼文島で猛威をふるった当時と比べて，エキノコックスに対する科学的理解は格段に進んだ．闇雲に恐れるのではなく，科学の眼でエキノコックスを見つめれば，感染を防ぐ方法もわかってくる．ヒトへの感染は虫卵を口にした時にだけ起こるため，そのような機会を避けることが最も重要だ．また，犬の飼い主は，自分の犬がヒトへの感染源となることのないよう，適正に飼養することも忘れてはならない．流行地からの犬の移動にも注意が必要だ．北海道へのエキノコックスの侵入とその後の広がりの歴史は，ヒト・動物・環境の関わり合いについて，私たちに大切なことを教えてくれる．エキノコックス症による被害を減らし，根絶するためにも，エキノコックスから学ぶべきことはまだまだありそうだ．

〔松本　淳〕

文　献

森嶋康之ほか：家畜を介した非流行地へのエキノコックスの拡散．病原微生物検出情報，**40**（3），40-42，2019．
八木欣平：北海道のエキノコックス症流行の歴史と行政の対策．病原微生物検出情報，**40**（3），43-45，2019．
山下次郎（増補 神谷正男）：エキノコックス―その正体と対策，北海道大学図書刊行会，1997．

2.3　身の回りの動物とかかわる寄生虫

あなたの近くの草むらに，皮膚に，アタマに，毛穴にも．潜んで刺します，染（うつ）します．

2.3.1　ダニ，ノミ，シラミ―外部寄生虫としての節足動物―

地球上の全生物のうち，4分の3にあたる約120万種を節足動物（節足動物門 Arthropoda）が占めている．あらゆる環境に生息し生活環も多様だが，外部寄生虫となるものが多い（体表面に寄生するものを外部寄生虫，体内に寄生するものを内部寄生虫という）．人や家畜で問題となるものは，昆虫綱 Insecta（外顎綱 Ectognatha）あるいはクモガタ綱 Arachnida に所属しているものが多い．昆虫綱にはカ，ノミ，シラミ，ナンキンムシなどが，クモガタ綱にはダニ類が含まれる．

節足動物における宿主と寄生体との関係は，同一種であっても発育ステージによって異なることが多い．たとえば，カ類の幼虫は宿主動物に頼ることなく自由生活性であるが，雌成虫は宿主動物に寄生し，産卵のために血液養分に頼る．

寄生性節足動物の寄生様式は，終生寄生（永久寄生）と一時寄生に区分される

(今井ほか，2009).

① 終生寄生（永久寄生，permanent parasitism）

原則的に宿主の体表に全生涯とどまり，接触感染によって寄生を拡大する．シラミ，ハジラミ等の昆虫類や，ヒゼンダニ，ニキビダニなどのダニ類が相当する．終生寄生虫は，一生を宿主の上で過ごすので，進化のプロセスで宿主との共存を獲得してきたものが多く，一般的に宿主特異性は高い．

② 一時寄生（temporary parasitism）

あるステージのみ寄生生活を，他のステージは自由生活を行うもので，カ，アブ，ノミ，マダニなどの多くの吸血性節足動物がこれに該当する．寄生時期は，成虫期の雌雄（サシバエ，ノミなど），成虫期のメスのみ（カ，ブユ，ヌカカ，アブなど），幼虫期のみ（ツツガムシなど）などさまざまである．これらの中には，宿主の血液栄養源が虫体の成長のために必要なものと，卵巣の発育のために必要なものの2つのタイプがある．前者は幼虫と雌雄成虫のいずれかが吸血するが，後者は雌成虫だけが吸血する．一般に宿主特異性は低い．

〔島野智之〕

a. マダニ

マダニ目は胸穴ダニ上目に所属し，現在，世界的には約900種，日本には約45種が知られている．マダニ類は全ステージが吸血性で多量の血を吸うが，特に成虫のメスは吸血前の体長が2 mm前後なのに対し，吸血後，種によっては最大20 mmまで肥大化する（図2.22a）．これが皮膚に突き刺さっている状態（図2.22b）は否応なく目に付くため，古来より特別な存在として知られ，英語圏ではマダニ類だけを指す「tick」という単語が存在するほどである．

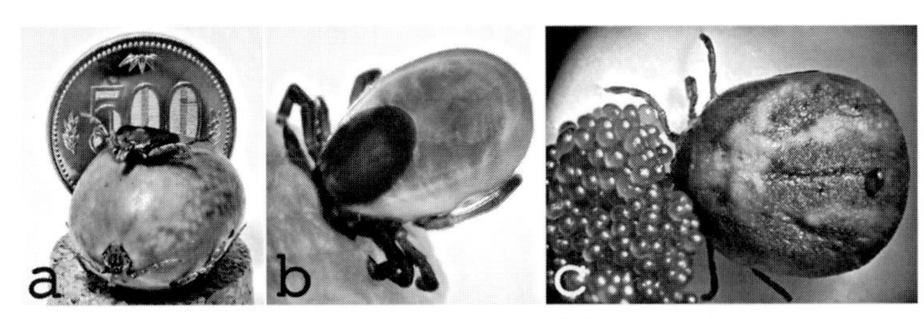

図2.22　マダニ［口絵8］

a：タカサゴキララマダニ（*Amblyomma testudinarium*）．上段が未吸血雌で下段は飽血後．b：ヒトの皮膚に刺さるシュルツェマダニ（*Ixodes persulcatus*）．c：産卵するキチマダニ（*Haemaphysalis flava*）．

地表で孵化した幼虫は，手近な植物に登って葉の裏などに潜み，第1脚先端近くのセンサー（ハラー氏器官）で赤外線や二酸化炭素などを探りつつ獲物の接近を待つ．近くを通った動物体表に乗り移ると皮膚表面を切り裂いて孔を開け，口部を丸ごと皮膚の内部に突き刺して固定する．その後，数日から10日間以上も同一部位で吸血し続けるが，この間，宿主はマダニの注入する唾液によって痛みや違和感をほとんど感じない．十分な吸血が完了（飽血）するとダニは皮膚を離れて落下し，地表の下草の下などに潜り込んで脱皮し若虫となる．若虫は幼虫同様に寄生して吸血・飽血・落下し，脱皮して雌雄の成虫となる．同様に寄生したメスは飽血・落下後，地表の暗く湿度が高い場所で数十時間かけてすべての卵を産みきり（図2.22c），そのまま死亡する．オスはほとんど吸血することなく吸血中のメスを求めて宿主体表を移動する．

マダニによる病害で真に重要なのは，病原体の媒介である．ウイルスから原虫までさまざまな病原体を媒介する可能性があり，最近では国内だけでもダニ媒介性脳炎，重症熱性血小板減少症候群（SFTS：severe fever with thrombocytopenia syndrome），あるいは日本紅斑熱等による死者が相次いでいる．またいくつかの種類では，吸血時にマダニから注入される唾液成分によって，肉や魚卵，あるいは抗がん剤に対してのアレルギーが起こることが知られている．さらに海外に生息するマダニの中には唾液に麻痺毒をもつものもいるため，刺されると手足が痺れ，重症では全身麻痺から死亡することもある．〔森田達志〕

b. ノミ

吸血昆虫であるノミ類は単独でノミ目（旧 隠翅目）を構成し約2500種が命名されていて国内には約70種が知られるが，そのほとんどは野生げっ歯類に寄生するものである．犬や猫などの身近な動物，あるいはヒトに寄生するノミとしては，現在の日本ではネコノミ（*Ctenocephalides felis*）がほとんどで，一部にイヌノミ（*C. canis*）がみられる程度であり，犬から検出されるノミもほとんどがネコノミである．ノミ類は種によって多様な生態を示すが，本項では最も身近なネコノミの生態を中心に紹介する．

ネコノミ成虫は雌雄とも被毛に覆われた動物体表を好んで寄生し，ヒトへの寄生は一過性である．未吸血時の成虫体長は雌雄共に2 mm弱であるが，これが吸血を開始するとオスはわずかに大きくなる一方，メスは一気に4 mm程度にまで伸長する（図2.23a）．この吸血後の体長の差が「ノミの夫婦」の所以である．ノミの成虫は本来最大3ヶ月ほど寄生生活を続けるが，実際は宿主の毛づくろい行

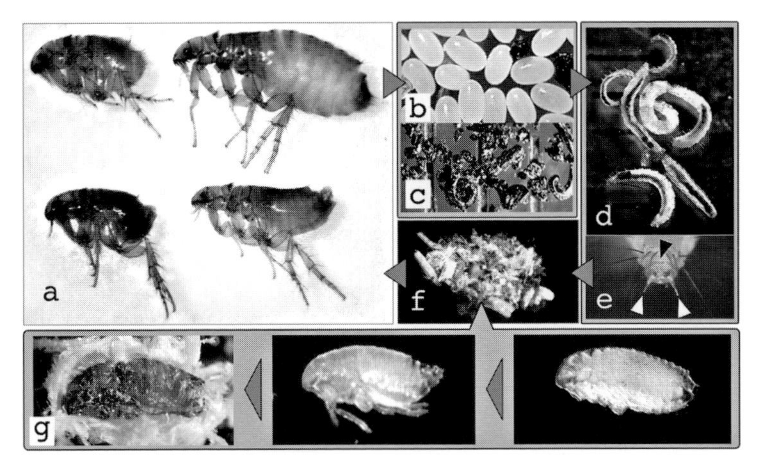

図 2.23　ネコノミ発育環［口絵 9］
a：ネコノミ成虫．左上；未吸血雌．右上；吸血雌．左下；未吸血雄．右下；吸血雄．b：卵．c：ノミの糞便．d：幼虫．1 齢および 2 齢．ノミ成虫糞便の血液成分摂取のため腸管内が赤黒色．e：幼虫尾端拡大．白矢頭で突起を黒矢頭で剛毛列を示す．f：周囲のゴミを巻き込んで形成された繭．g：繭内の発育．発育中の蛹（右・中）と成虫（左）．

動（グルーミング）によって排除され，多くは 1 週間程度で生涯を終える．それゆえにノミは自らの生存を脅かす宿主のグルーミングを強く警戒しており，動物が休息状態になってから吸血することが多い．ネコノミは体重 1 mg 程度だが 1 日に 15 mg もの吸血を行い，そのほとんどが未消化のまま排泄され，速やかに乾燥して宿主体上から落下する（図 2.23c）．ノミは寄生後 2 日以内に産卵を開始し，長径 0.5 mm ほどの滑らかな長円形の卵（図 2.23b）を 1 日あたり 4 ～ 50 個ほど産む．そのほとんどは産卵とほぼ同時に宿主体表から転がり落ちる．産卵行動は，吸血と同じく宿主の休息時間帯に多く行われる．落下した卵は数日中に孵化し，特徴に乏しい無脚のウジ虫様（図 2.23d）を示すが，尾端部に特徴的な突起と剛毛列を備える（図 2.23e）．ノミ幼虫は環境中の有機物を摂取して発育するが，その際に上述のノミ成虫糞便が必要となる．成虫はあえて過剰な吸血を行い，卵が落下して孵化した幼虫が多く暮らすであろう宿主の休息場所に向けて高栄養の乾燥血液を届ける．幼虫は成虫の糞便を主食として 2 回の脱皮を行い，3 齢幼虫になると口から糸を吐いてゴミ等を巻き込みながら周辺の環境に体を固定して長径 5 mm ほどの繭（図 2.23f）を形成し，内部で蛹を経て成虫となる（図 2.23g）．寄生開始から実験室内で最短 14 日，通常は 3 週間程度で環境中に次世代のネコノミ成虫が現れる．ネコノミは繭の中で十分発育しても，圧力，振動，温度あるいは二酸化炭素濃度等の羽化刺激が与えられなければ最長6ヶ月ほど羽化を遅らせることができる．環境中で飲まず食わずのままノミ成虫が数ヶ月間感染待機できるこの能力は，現在に至ってもなおペット飼育でノミ感染予防が欠かせない理由の1つである．

ノミに吸血されると刺咬部位に一過性の痒みが生じるのが普通だが，注入される唾液タンパク質に対する免疫が誘導されると全身性のノミアレルギー性皮膚炎が引き起こされる．ノミは病原体媒介者としても重要な役割を担う．中でもペスト（黒死病）は，14世紀ヨーロッパでの流行により実に総人口の3分の1を失わせ，人類史上最悪の感染症とも呼ばれている．当時は街中のドブネズミやクマネズミとケオプスネズミノミ（*Xenopsylla cheopis*）が流行の中心的役割を担ったが，現在でも北米を含む海外ではペスト菌（*Yersinia pestis*）を保有する野生動物が存在し，保菌ノミの吸血により感染する．

日本では，犬や猫の腸管に寄生する瓜実条虫（*Dipylidium caninum* 別名；犬条虫）や，沖縄地方の犬に寄生する犬皮下糸状虫（*Acanthocheilonema reconditum*），ノミの刺咬に加え猫に引っかかれたり咬まれたりして感染する猫ひっかき病菌（*Bartonella henselae*），その他いくつかのリケッチア類も媒介する．〔森田達志〕

c.　シラミ

「シラミ」の名をもち，ヒトに寄生して吸血する昆虫は4種類が知られている．昆虫綱カジリムシ目（別名・咀顎目）に分類されるのはヒトジラミ（*Pediculus humanus*）とケジラミ（*Pthirus pubis*）で，さらにヒトジラミは頭部に寄生する亜種アタマジラミ（*Pe. h. humanus*）と，衣類に潜んで吸血時に体表に移動する亜種コロモジラミ（*Pe. h. corporis*）の2種類に分類される．これらが分類学的にシラミ類と呼ばれる（図2.24a，b）．4種類目はカメムシ目（別名・半翅目）に分類されるトコジラミ（ナンキンムシ，*Cimex lectularius*）である（図2.24c）．他の動物に寄生するシラミ類は体毛を足場として寄生するが，ヒトは進化の過程で体毛を失って代替に衣類を身につけるようになったことから，ヒトに寄生するシラミは，足場となる体毛の減少に伴って頭髪寄生に特化したアタマジラミと，衣類を足場とするコロモジラミに分化した．しかしこれら二者は未だ種としては完全に独立しておらず，亜種として扱われる．その分化は分子系統解析により，およそ7万2000年前と推定されているが，これは地質学的に当時の火山大噴火による寒冷化と関連しているともいわれる．

アタマジラミの感染は，頭部の接触のほか，感染者との雑魚寝，帽子やタオル，

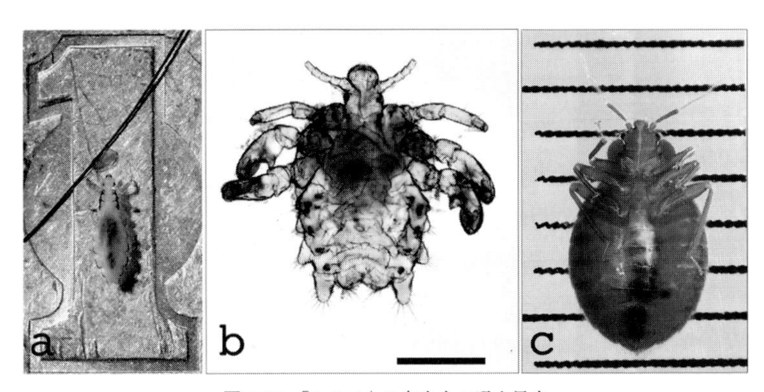

図 2.24　「シラミ」の名をもつ吸血昆虫
a：アタマジラミ．一円玉を背景に雌成虫と卵の付着した頭髪．b：ケジラミ．雌成虫透過標本．bar=0.5 mm．c：トコジラミ．腹側面．口針をシラミ類のように収納できず，カメムシ類の特徴としてむき出しでセミのように腹側に折り曲げる．

ヘアブラシの貸し借り等でも起こり，低学年の児童で一般的に認められる．一方でコロモジラミの生育には同一の衣類を身につけ続ける必要があり，現代日本では浮浪者等を除いてまれである．一方でケジラミは陰毛に寄生することで性感染症として今もなお日本でも広く生き延びている．トコジラミは，昼は布団の下や壁の隙間等に巣を作り，夜になると睡眠中のヒトの体に這い登って吸血を行う．いずれも皮膚に口器を刺入して吸血することにより強い痒みを引き起こす．コロモジラミだけは発疹チフス，塹壕熱，あるいは回帰熱等の病原菌を媒介する．

アタマジラミとケジラミの治療には安全性の高い殺虫薬ピレスロイド剤を粉剤や薬用シャンプーの形で寄生部位に適用するが，近年は薬剤耐性株が出現しており，虫体と卵の物理的かつ完全な除去が必要なこともある．コロモジラミは着衣の焼却ないし煮沸により駆除できる．トコジラミは巣を除去して殺虫剤を散布するが，しばしば薬剤耐性株が出現して十分な対策がとれないことも多く，東京都内でも，宿泊施設を含め年間数百件の相談が行政に寄せられている．〔森田達志〕

文　献

今井壯一ほか：図説獣医衛生動物学，講談社サイエンティフィク，2009.
小林照幸：死の虫―ツツガムシ病との闘い，中央公論新社，2016.
前田　健・佐藤　宏監修：臨床獣医師のための犬と猫の感染症診療，緑書房，2018.
島野智之・高久　元編：ダニのはなし―人間との関わり―，朝倉書店，2016.
吉田幸雄・有薗直樹：図説人体寄生虫学 改訂9版，南山堂，2016.

Column 7 カタツムリダニ

カタツムリダニ（*Riccardoella*）属は胸板ダニ上目ケダニ亜目ヤワスジダニ科に属する体長0.5 mm弱のダニ類で，世界で8種が知られている．そのうち6種は陸産貝類（カタツムリやナメクジ）の肺や，肺から外につながる呼吸孔周辺に取りつくことが報告され，そこで吸血すると考えられている．

日本には3種いるが，住んでいる地域や宿主にそれぞれ特徴がある．ワスレナカタツムリダニ（*R. tokyoensis*）は，東京都の自然公園で2018年に初めて報告されたダニで，関東圏のキセルガイ科の陸産貝類からしか見つかっていない．ダイダイカタツムリダニ（*R. reaumuri*）は，沖縄から北海道までのさまざまなグループの陸産貝類から見つかっており，海外ではフランス東部のポンタルリエのカタツムリからも見つかっている．ニュウムラカタツムリダニ（*R. triodopsis*）は日本では千葉県南部でしか見つかっていないが，アメリカ合衆国のアラバマ州からも記録がある．ダイダイカタツムリダニとニュウムラカタツムリダニは世界で「飛び地分布」しているように見えるが，これはおそらく研究者がとても少なく分布調査が不十分であるためで，よくよく調べれば世界のさまざまな場所から同じダニが見出されていくのではないかと筆者は考えている．

ところで，カタツムリを飼っている方から「ダニが沢山湧いてカタツムリが弱って困っている」というお話をいただくことがある．ヨーロッパに分布するカタツムリダニの病害性については研究例があり，冬期の寒冷環境条件を除けば宿主への悪影響が少ないことが実験的に示されている．一方で，日本のカタツムリダニの病害性は調べられておらずよくわかっていない．また，そもそも「カタツムリダニが湧いたからカタツムリが弱った」のか，「カタツムリが弱ったからカタツムリダニが湧いた」のか，「カタツムリが弱る飼育条件がたまたまカタツムリダニの増殖に好適だった」のか，因果関係がよくわかっていない．カタツムリダニの生態はわからないことだらけであり，その研究は，まさにこれからなのである．〔脇　司〕

Column 8 クジラジラミ

イルカを含むクジラの体外に寄生する節足動物（門）には，甲殻類のエボシガイ類やフジツボ類（甲殻亜門顎脚綱蔓脚亜綱）が目立つ．とりわけ，水族館で飼育されているイルカが何らかの原因で健康状態が悪化し，遊泳速度を減少させたりジャンプを嫌ったりすると，たちまちこういった動物が沢山取り付くのである．一方で，普通の野生個体では大きく病害を与えているようには見えない．

さて，こういったフジツボ類がいったん取り付くと，それを足掛かりにして，膨大な数のクジラジラミ類が住み着く．クジラ「ジラミ」といっても，昆虫の仲間ではなく，熱帯魚の餌などに使われるヨコエビや海藻に紛れた奇妙な形のワレカラなどが親戚筋である端脚類（甲殻亜門軟甲綱真軟甲亜綱）の仲間である．ときどき，日本の近海では，クジラ類（特に，ヒゲクジラの仲間）の体表にフジツボとクジラジラミとが仲良く生活している甲殻類ワールドが認められる．クジラジラミはそこで，クジラの垢などを食べているとされるが，昆虫のシラミのように病原体は運ぶのかどうかといったあたりの研究はまったく進んでいない．ただ１つ確かなことは，クジラの体表で生き残るための，扁平な体，相対的によく発達した脚，特殊な鰓などの形は，観察者を飽きさせないという点だけである．

なお，同じ海獣類のアザラシなどにはカイジュウジラミ科の種がいて，最近，日本の水族館で飼育された個体で初めて見出された．海の中で呼吸をするため，空気を溜める用途に特化した剛毛がユニークな形をしているが，れっきとした昆虫である．そもそも昆虫で海棲ということは例外的で，鰭脚類の皮下や血管に寄生する糸状虫の仲間（*Acanthocheilonema* 属）の中間宿主としても知られている．

〔浅川満彦〕

図 北海道苫小牧市海岸で座礁したコククジラ体上のクジラフジツボ（*Cryptolepas rachianecti*）上に生息する *Cyamus* 属のクジラジラミ類

Column 9 海洋生物に潜むパラサイトモンスター，カイアシ類

「皆さんカイアシ類はご存知ですか？」．一般向け，また時には学校の理科教諭を対象とした講座などで，筆者はいつもこのように問いかける．すると，大体20人に1人ぐらいがご存知のようである．しかし，寄生性の……となると，ご存知の方にはほとんど出会ったことがない（何らかの事情で，世を忍ぶ必要がある隠れ愛好家が多い可能性もあるが）．

カイアシ類とは，一言でいうと水生の小型甲殻類である．体長1 mm程度のものが多く，様々な海洋動物の餌となる重要な動物である．チリメンジャコのお腹にときどき詰まっているオレンジ色の粒の多くは，プランクトンとして海中を漂うカイアシ類が食べられたものだ．これとは別に他の動植物に寄生するカイアシ類が存在し，それらを文字通り寄生性カイアシ類と呼ぶ．寄生性カイアシ類の種数は膨大で，宿主をざっと挙げても魚，貝，サンゴ，ホヤ，ウニ，ヒトデと多岐にわたる．

本来われわれにかなり身近な存在なのだが，コラム冒頭で述べたように，数多ある寄生虫の中でも知名度が低い．しかし，それはある意味当然だろう．まず，彼らは基本的にヒトには無害で，また各々の宿主に深刻な害を与える種は，全体の数%にも満たないと考えられる．つまり，目立たないのである．かといって，面白味のない形なのかというと，まったく逆である．利用する宿主，寄生部位，そして摂餌方法などの生態に合ったさまざまな形をしている．必要な部位（宿主に取り付くための把握器や生殖器官の主に卵巣）のみ大きく発達させ，不要な部位は退化させる．それを突き詰めた形は非常に多様かつ一見して奇抜だが，寄生様式を少しでも理解すれば，機能美の集大成であると感じるだろう．結果として，彼らはまったく目立たないのである．

最後に，簡単に見つかる種を2つほど紹介しよう．1つ目は，秋の味覚サンマがスーパーに並ぶ頃，よく見ると表面に直径2 mmほどの穴が開いていることがある．これは，サンマヒジキムシ（*Pennella* sp.）という黒い棒状のカイアシ類が寄生していた跡である．水産関係者にとっては迷惑な寄生虫であるが，筆者はこれを見つけると嬉しくなってしまう．また，2つ目はサザエである．口の中にはサザエノハラムシ（*Panaietis yamagutii*）という大きさ1 cm弱になるカイアシ類が住んでおり，特に殻付きの刺身を頼むとときどき殻の周りなどに取り残されていることがある．興味をもたれた方は，是非探してみてほしい．〔上野大輔〕

文　献

Madinabeitia, I. *et al.*：Four new species of *Colobomatus* (Copepoda: Philichthyidae) parasitic in the lateral line system of marine finfishes captured off the Ryukyu Islands, Japan, with redescriptions of *Colobomatus collettei* Cressey, and *Colobomatus pupa* Izawa, 1974. *J. Nat. Hist.*, **47** (5-12), 563-580, 2013.

Uyeno, D. and Nagasawa, K.：The copepod genus *Hatschekia* Poche, 1902 (Copepoda: Siphonostomatoida: Hatschekiidae) parasitic on triggerfishes (Pisces: Tetraodontiformes: Balistidae) from off the Ryukyu Islands, Japan, with descriptions of eleven new species. *Zootaxa.*, **2478**, 1-40, 2010.

Uyeno, D. and Nagasawa, K.：Four new species of splanchnotrophid copepods (Poecilostomatoida) parasitic on doridacean nudibranchs (Gastropoda, Opistobranchia) from Japan, with proposition of one new genus. *ZooKeys.*, **247**, 1-29, 2012.

Uyeno, D.：Systematic revision of the pennellid genus *Creopelates* Shiino, 1958 (Copepoda: Siphonostomatoida) and the proposal of a new genus. *Zootaxa.*, **3904** (3), 359-386, 2015.

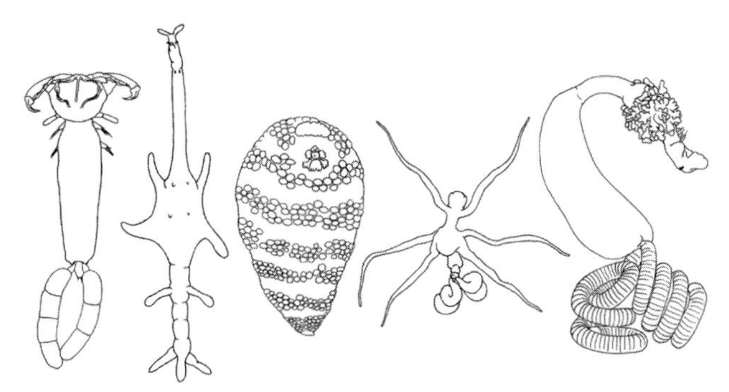

図　さまざまな寄生性カイアシ類（Madinabeitia *et al.*, 2013：Uyeno and Nagasawa, 2010；2012；Uyeno, 2015 を参考に作図）

左端：シリゴミエラノミ（*Hatschekia pseudobalistesi*）．鉤爪状の第 2 触角で魚類の鰓に取り付く．

左から 2 番目：ナガクビカクレムシ（*Colobomatus collettei*）．細長い体は魚類の頭部側線内に暮らす上で都合がよい．

中央：コブトリジイサン（*Sarcotaces pacificus*）．イモムシ様の体で魚類の筋肉組織内に寄生，多くの付属肢が退化．

左から 4 番目：バナナウミウシヤドリ（*Majimun shirakawai*）．ウミウシ体内に寄生し，発達した 6 本の突起が内臓を包み込む．

左から 5 番目：ホシノノワキザシ（*Creopelates hoshinoi*）．ハゼの体内に体半分を植物の根のように穿入させる．

Column 10　レッドリストに掲載されている寄生虫

レッドリスト（RL：Red List）には絶滅のおそれのある生物種が掲載されており，環境省版レッドリスト2020では，9段階に分けられており，絶滅の危険の程度によって，絶滅危惧I類（CR+EN）は絶滅の危機に瀕している種，絶滅危惧IA類（CR）はごく近い将来における野生での絶滅の危険性がきわめて高いもの，絶滅危惧IB類（EN）はIA類ほどではないが近い将来における野生での絶滅の危険性が高いもの，絶滅危惧II類（VU）は絶滅の危険が増大している種といったようなカテゴリーに分けられている．

このうち「その他無脊椎動物」分野のレッドリストには寄生虫も掲載されている．ただレッドリストに掲載される寄生虫は人間に病害性をもたないものに限定されるので，たとえばわが国で撲滅された日本住血吸虫などは絶滅危惧種には該当しない．

絶滅危惧I類のカブトガニウズムシは，同じく絶滅危惧I類のカブトガニだけに外部寄生する．宿主であるカブトガニの存続が危ぶまれているので，このウズムシも絶滅が危惧されている．同じく絶滅危惧I類のツガルザリガニミミズは，津軽半島北部の限られた地域に分布する絶滅危惧II類のニホンザリガニの外部寄生者で，現在生息が確認されている場所は2本の小河川だけである．生息地周辺の河川はいずれも小規模で，河川改修が進んでいることから，宿主のニホンザリガニの消失に伴う絶滅が危惧されている．

また，絶滅危惧I類のクロウサギワルヒツツガムシ，ナカヤマタマツツガムシ，および絶滅危惧IB類のクロウサギチマダニは，絶滅危惧I類のアマミノクロウサギを特定の宿主としている．

日本産の個体が絶えて「野生絶滅」に指定されていたトキは，野生復帰事業が順調に進み，2019年に1ランク低い絶滅危惧IA類となった．トキの羽についているトキウモウダニも同じく「野生絶滅」だったが，この影響を受けていったん「情報不足」になった．しかし，2019年に筆者たちが環境省の協力のもとでトキを入念に調査したところ，トキウモウダニは1個体も見つからず，2020年に絶滅（EX）となった．

〔島野智之〕

種によって異なる色と模様　何を惹きつけるのか

2.3.2　ロイコクロリディウム

内部寄生虫の多くは白色，乳白色，ときに黄色や淡赤色の体色をしており，鮮やかな色彩をもつものはほとんどいない．例外として，派手な色彩をもつ寄生虫を唯一挙げるとしたらやはりロイコクロリディウムであろう．この寄生虫の特徴はなんと言っても幼虫の見た目で，カタツムリの眼柄における色，柄そして独特の動きにはある種の魅力がある（図 2.25）．しばしばドラマや漫画の題材にもされるため，ファンが多い寄生虫である．誰しもが「気持ち悪い」と言いながらもついつい見入ってしまう．

ロイコクロリディウム（*Leucochloridium*）属は扁形動物門の吸虫綱に分類される．この寄生虫は昆虫食の鳥類を終宿主，オカモノアラガイ科のカタツムリを中間宿主とする（図 2.26）．成虫は鳥類の消化管に寄生し，糞便とともに外界に排泄された虫卵が地面や植物の上を這っているカタツムリに取り込まれると，その体内で無性生殖を行う．すなわち，1 個の虫卵から産まれた幼虫（ミラシジウム）が細胞分裂を行い，枝分かれする形で複数の細胞性の袋（スポロシスト）を作る．スポロシストの内部には幼虫（セルカリア）がたくさん作られる．セルカリアはスポロシストの内部で発育し，メタセルカリア（終宿主への感染が可能）となる．このころスポロシストは大きく膨らみ，内部に 100～200 個ものメタセルカリアを含む袋（ブルードサック（broodsac）と呼ぶ）となる．ブルードサック

図 2.25　ロイコクロリディウム感染オカモノアラガイ［口絵 12］
眼柄にたくさんの幼虫を宿すブルードサックが透けて見える．

図 2.26 ロイコクロリディウムの生活環

は徐々に茶色や緑色に色づき，眼柄に出現して蠕動運動をするようになる．この様子がイモムシにそっくりなため，餌と勘違いした鳥類に食べられ，その消化管付近で成虫になる．前述の通りブルードサックには多数のメタセルカリアが入っており，その一つ一つが将来成虫になるため，終宿主が感染カタツムリ1匹を食べるとどのようなことになるか，想像できるだろう．

ロイコクロリディウムの発育史は，終宿主の餌に似た形質により，視覚に優れた鳥類に食べられやすくなるという驚くべき戦略が反映されている．一般に「擬態」とは体を他のものに似せて利益を得ることをいうが，多くは毒のあるものに似せることで捕食者から身を守ったり，他の生き物に紛れて目立ちにくくなったりするというものである．ロイコクロリディウムの場合，「積極的に食べられる」ことを目的とする点が他の生物の擬態と異なっている．これは，攻撃擬態（獲物をとるための擬態）の1つである「ペッカム型擬態」に分類されている（藤原，2007）．陸上で擬態をする寄生虫は，知られている限りロイコクロリディウムのみである．ただし，鳥類が本当にイモムシだと思ってついばむのか，ただ単にオカモノアラガイを餌にしているだけなのかは不明であり，後者だった場合には擬態とは呼べない．

スポロシストは次から次へとどんどん生えてくるため，1匹のカタツムリにはブルードサックが何本も入っていることが多い．毎日観察すると，眼柄に現れていたものが翌日引っ込んだり，片方の眼柄だけに現れたり，両方に現れたりする．多くは中に複数本あるため，眼柄に現れるブルードサックは交替制なのかもしれない．カタツムリの体の中は寄生虫でいっぱいになり，生殖器が十分に発達しない．このため寄生されたオカモノアラガイは産卵することができず，自分の子孫のかわりに寄生虫を育てる羽目になる．

「ロイコクロリディウムに感染すると脳を乗っ取られ，ゾンビカタツムリになる」という噂をよく聞くが，寄生虫が脳神経系に侵入することはない．また，「ゾンビカタツムリ」がどのような状態かよくわからないが，筆者らの観察では眼柄を引っ込めて休んでいるときもあるし，レタスや人参などをのんきにかじっているときもあるので，ゾンビと感じたことはない．感染カタツムリが非感染カタツムリよりも高いところにいるという報告があり（Wesołowska and Wesołowski, 2013），そのため終宿主に見つかりやすくなるともいわれているが，その理由は解明されていない．筆者らのフィールドでは感染カタツムリも非感染カタツムリも同じように葉の上に現れる．

ロイコクロリディウムは属名なので，その中には多くの種が存在する．日本にも存在することに驚く方が多いが，実は現在知られているものだけで国内に3種確認されている（Nakao *et al.*, 2019）．北海道で見られる *L. perturbatum*，*L. paradoxum* および沖縄で見られる *Leucochloridium* sp. である．面白いことに，これら3種は成虫の形態はほとんど同じで見分けがつかないにもかかわらず，カタツムリの眼柄に出現するブルードサックの色柄が異なる（図2.27）．*L. perturbatum* は茶色のシンプルな横縞，*L. paradoxum* は緑色のレンガを組み合わせたような柄

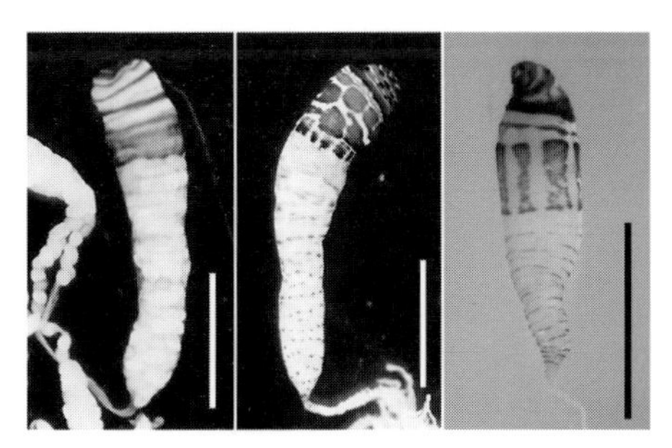

図2.27 ロイコクロリディウム3種のブルードサックの違い［口絵12］
左から *L. perturbatum*（北海道），*L. paradoxum*（北海道），*Leucochloridium* sp.（沖縄）．

に焦げ茶色のドットとオレンジの先端が印象的で，沖縄のものは緑の横縞と赤い縦縞を組み合わせた凝った柄である．北海道の2種はヨーロッパと共通の種であり，沖縄のものは台湾の *L. passeri* と同じ種の可能性がある．

世界には動物地理区ごとに特異的なロイコクロリディウム属の種が存在しており，世界中のロイコクロリディウム感染カタツムリを並べて眺めたらさぞ美しいだろうと思う．ロイコクロリディウムの色柄とその分布は，終宿主である鳥類の分布と関連があるかもしれない．すなわち，それぞれの鳥が美味しそうと感じる色柄のロイコクロリディウムがあり，その鳥とロイコクロリディウムの分布が一致するのではないか．鳥の種による色の好みについては，果実食の鳥類については調べられているが，昆虫食のものについては不明である．鳥の前に多様な色柄のロイコクロリディウム幼虫を置き，どれをついばむか調べる実験が必要である．

鳥の種による色柄の好みはわかっていないが，日本では本州のシメ（*L. sime* が寄生），クロツグミ（*L. turdi* が寄生）およびヤマドリ（*L. japonicum* が寄生），北海道のエゾライチョウ（寄生種不明）ならびにトラツグミ（*L. perturbatum* が寄生）からロイコクロリディウムの成虫が見つかっている．寄生虫の終宿主に対するこだわり（宿主特異性）については，例数が少ないので不明である．前述の通り，成虫の形態では種の同定が困難なため，DNA配列の一部を解析することで種を決める必要がある．北海道のトラツグミから検出されたものは *L. perturbatum* であることが判明したが，それ以外の記録についてはDNA配列のデータは存在しない．現在，本州のカタツムリからロイコクロリディウムは見つかっていないが，成虫が記載されている *L. sime*，*L. turdi*，あるいは *L. japonicum* の幼虫を宿したカタツムリが発見されるかもしれない．そのときには，どんな色柄で私たちを楽しませてくれるのだろうか．〔佐々木瑞希〕

文　献

藤原晴彦：自分を食べさせるための誘い—標識型のペッカム型擬態　ケース3. 似せてだます擬態の不思議な世界，pp. 43，化学同人，2007.

Nakao, M. *et al.*：Distribution records of three species of *Leucochloridium*（Trematoda：Leucochloridiidae）in Japan, with comments on their microtaxonomy and ecology. *Parasitol. Int.*, **72**, 2019.

Wesołowska, W. and Wesołowski, T.：Do *Leucochloridium* sporocysts manipulate the behaviour of their snail hosts?, *J. Zool.*, **292**（3）, 151–155, 2013.

Column 11　寄生貝

貝が他の動物に寄生するといわれてもピンとこない人が多いかもしれないが，じつは巻貝には寄生性のグループが10以上知られている．代表例はハナゴウナ科で，棘皮動物（ヒトデ・ウニ・ナマコ・クモヒトデ・ウミユリの仲間）に1000種以上が寄生する（口絵13）．1 cm以下の小型のものが多いが，ほとんどの種が硬い殻をもち，見た目は普通の巻貝である．この科は内部寄生する巻貝を含む数少ないグループの1つであるが，大半の種は宿主の表面に外部寄生しており，磯遊び中にヒトデやナマコなどを見つけると，寄生貝も見つかることがある．外見とは裏腹に，軟体部（身）には寄生性ならではの特徴がみられ，たとえば宿主の体液を吸うために，口が細長く発達しストローのように伸びる．また，固形物を摂取することがないため，貝類の歯にあたる歯舌が退化しており，完全に失われてしまった種も多い．

寄生性の貝は人には害がないので，海で見つけても恐れる必要はない．一方で，ウニ類に大きなダメージを与える種が知られている．クリイロヤドリニナ（*Pelseneeria castanea*）は関東地方以北に分布し，われわれが食用とするキタムラサキウニやエゾバフンウニなどに寄生する．1匹のウニに多くの個体が群れるように付着することから，ダニガイと呼ばれることもある．寄生されたウニは殻の形が扁平となり，生殖巣の発達が非常に悪くなることがわかっている．水産業にも影響を及ぼしうる寄生生物だが，ウニの成熟を妨げるメカニズムはよくわかっておらず，今後の研究が待たれる．　〔髙野剛史〕

図　キタムラサキウニに寄生するクリイロヤドリニナ（岩手県大槌町）
貝の卵塊も無数に付着している．

生態系の中の寄生虫　カマキリの体内からすべての変化を察知する

2.3.3　ハリガネムシ

得体の知れないもの，気持ち悪いものには妙な噂がつきまとう．「ロイコクロリディウムがカタツムリの脳を乗っ取る」という噂しかり（前項）．同じく気持ち悪いことで有名なハリガネムシにも，筆者が子供の頃に聞いた黒い噂がある（東北地方だけかもしれない）．それは，「カマキリの腹から出てくるハリガネムシは，爪の間からヒトの体内に入ってくる」というもので，小学生の筆者は怯えたものである．しかしながら大人になり，これがデマだとわかってからは，用水路などに浮遊するハリガネムシを見つけたら喜んで捕まえることができる（図2.28）．学習は大事なことだ．

ハリガネムシは類線形動物門に分類される細長い寄生虫の一群で，大きいものでは成虫が数十 cm に達することもある．体の最外層を覆うクチクラは厚く，光沢のある金属のような質感を生み出している．体の筋肉は頭尾方向に走る縦走筋のみが存在し，柔軟な蠕動運動や伸び縮みはできない．白色，褐色などさまざまな色の種が存在するが，最も目にすることが多い，カマキリやカマドウマから出てくるハリガネムシは，その鉛色の体と独特の硬くぎこちない動きがまさに針金を連想させる．ハリガネムシの仲間は一般的に昆虫に寄生するが，寄生生活を送るのは幼虫のみで，成虫は外界（水中）で自由生活を営む．つまり，昆虫が中間宿主であり，終宿主は存在しない．潰れたバッタやカマキリからはみ出しているのはまだ幼虫で，筆者が用水路で追いかけているのが成虫（もしくは外に出たばかりの未熟な成虫）というわけである．

ハリガネムシの生活環の詳細については不明な点が多いが，おおむね以下のように考えられている（図2.29）．虫卵が水中で孵化し，幼虫は水底付近をうろつく．この幼虫が水棲昆虫の幼虫などに食べられ，その体内で被嚢する．それ以外

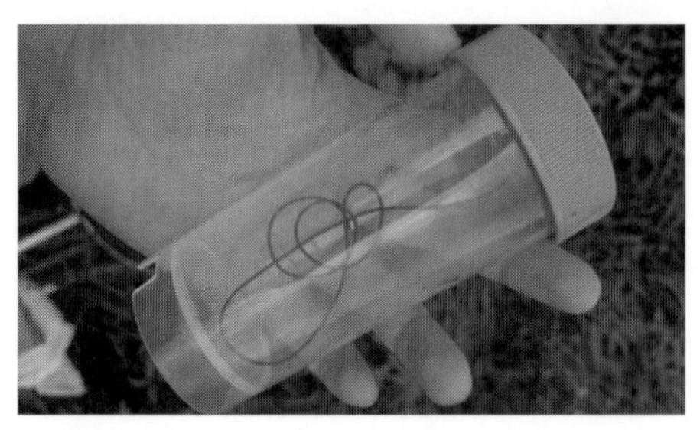

図2.28　田んぼ脇の用水路で採集したハリガネムシ

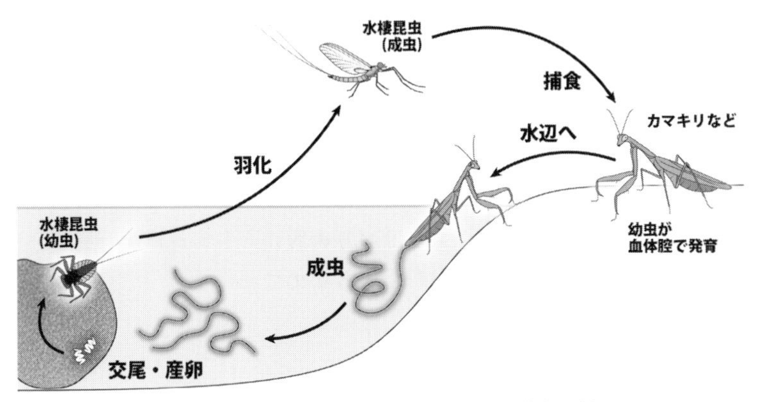

図 2.29　ハリガネムシの生活環（イラスト：鈴木智也）

の宿主，すなわち一生水の中で暮らす貝類や環形動物に食べられた場合はそこで行き止まり，ハリガネムシの一生は幕を閉じる．運良く水棲昆虫に寄生できた場合は，発育して羽化した昆虫とともに水中から脱出することが可能になる．水棲昆虫の成虫が陸上でカマキリやバッタなどに食べられると，その体の中でハリガネムシの幼虫が動き出し，宿主の血体腔へ移動して発育する．昆虫は開放血管系のため，血体腔には血液が満たされており，栄養満点である．その栄養を体表から吸収して十分に発育したら，宿主の体から出て，水中へ遊出する．その後，交尾を経て水中の石や植物など卵紐（らんちゅう）（卵が連なったもの）を産み付ける．

カマキリやバッタから脱出した先がなぜ水中なのだろうか．実は，ハリガネムシが寄生した宿主は水中に落下してしまうことが多い．ハリガネムシが寄生すると宿主の脳における神経伝達物質の発現に変化が起こることが知られており，これが原因となって水に飛び込んでしまうと考えられている（成田，2017）．水に落ちた宿主からは速やかにハリガネムシが脱出する．誰に教わったわけでもなく「水に落ちた」と感知して外に出るという現象もなかなか不思議である．

ハリガネムシに寄生されたせいで水に飛び込んだ昆虫の多くは，淡水魚の餌となる．その資源量は魚のエネルギー供給源の6割にも達するという報告がある（Sato *et al.*, 2011）．ハリガネムシは魚類の育成に貢献し，さらに魚類を食べる鳥類や哺乳類，そのほかあらゆる生物に大きな影響を与えていることになる．世間では「寄生虫」という言葉にはあまりいいイメージがないが，生態系の維持に重要な役割を果たしている生き物である．ちなみに，魚類に食べられた昆虫にまだハリガネムシが入っていた場合，その多くはそのまま死んでしまう．まれにうまく魚から脱出できたものは交尾，産卵へと進むことができる．

日本には，最も一般的に見られるニホンザラハリガネムシ（*Chordodes japonensis*）のほか，カスリハリガネムシ（*Gordius*）属，ニセザラハリガネムシ（*Parachordodes*）属など複数の種が分布する．カマキリやコオロギ，カマドウマから出てくるものがよく知られているが，宿主特異性や種ごとの分布について全貌は明らかになっていない．北海道ではゴミムシに寄生する種がいるというが，筆者自身がゴミムシを解剖して検出したことはまだない．

ハリガネムシが爪の間から侵入することはないが，ヒトやペットから吐き出されたり糞便に混入していたりする例はいくつか報告されている．ヒトの体内に入った経路は不明であるが，何かの拍子に（水や食物に混入？）口に入ったものと思われる．犬や猫であれば昆虫を捕まえて食べてしまうこともあるだろう．ハリガネムシは硬いクチクラをもつため，吐き出されなかった場合も消化されることなく，ほぼそのままの形で糞便とともに排泄される．自分やペットの糞便にハリガネムシが入っていたら大層驚くだろうが，哺乳類の体に寄生することはなく，あくまでも消化管を通過しただけなので，安心してほしい．

ハリガネムシによく似た寄生虫に，シヘンチュウ（糸片虫，糸くずのような見た目であることから）がいる．シヘンチュウは白くて細長く，ハリガネムシより繊細でなよなよとしている．生活環はハリガネムシによく似ているが，類線形動物門ではなく，回虫やフィラリアが属する線形動物門に分類される．幼虫がバッタやハチなどの昆虫やカタツムリに寄生し，土壌中で交尾，産卵する．筆者らはカタツムリの飼育をすることが多いのだが，ある朝突然，カタツムリの何倍もの長さの白い線虫が飼育ケースの中に現れ，びっくりすることがある（図2.30）．意

図2.30　オカモノアラガイとその体内から出てきたシヘンチュウ

外にも，カタツムリは何事もなかったように生きていたりする．宿主より脱出してから産卵まで数ヶ月〜1年かかるといわれているが，生活環については不明な点が多い．筆者のラボでは，夏に採れたシヘンチュウがインキュベータの中に土と一緒に入れてある．カタツムリ以外でも，北海道でバッタ類やマルハナバチの仲間を解剖するとしばしばシヘンチュウに遭遇する．出会う機会はハリガネムシより多いが，シヘンチュウをメインの研究テーマとしている研究者はほぼいないので，日本国内にもまだ未記載種がいる可能性がある．昆虫採集の趣味をおもちの方は，シヘンチュウの新種記載に挑戦してみてはいかがだろうか．

〔佐々木瑞希〕

文　献

成田聡子：入水自殺するカマキリ．したたかな寄生―脳と体を乗っ取り巧みに操る生物たち，pp. 66–71，幻冬舎，2017.

Sato, T. *et al.*：Nematomorph parasites drive energy flow through a riparian ecosystem. *Ecology.*, **92** (1), 201–207, 2011.

西郷隆盛も忠犬ハチ公も，そして今，あなたの飼い犬にも……

2.3.4　フィラリア

フィラリアと聞くと，読者の多くが「犬の病気」を思い浮かべるだろう．もちろん，犬を終宿主とするフィラリアもあるが，ヒトを終宿主とするフィラリアもある．また，犬のフィラリアがヒトに感染して幼虫移行症を起こすこともある．フィラリア類は旋尾線虫目糸状虫上科に属する線虫の仲間で，その名の通り成虫は糸のように細長い体型をしており，リンパ管や血管，体腔，眼などに寄生し，メスは卵ではなくミクロフィラリアと呼ばれる幼虫を産出する．生活環では吸血昆虫が媒介者となるのも特徴である（図 2.31）．

a.　ヒトに寄生するフィラリア

アフリカや中南米の風土病であるオンコセルカ症はブユが媒介する回旋糸状虫（*Onchocerca volvulus*）によるもので，慢性期にミクロフィラリアが原因の炎症により失明することがあるため河川盲目症（river blindness）ともいわれる．また，アフリカの風土病であるロア糸状虫症はアブが媒介するロア糸状虫（*Loa loa*）による病気である．重篤な病害はないものの，数センチの白い成虫が結膜下を移動するのが認められることがあり “eye worm” とも呼ばれる．

フィラリア症の中でも，成虫がリンパ節やリンパ管に寄生するリンパ系フィラ

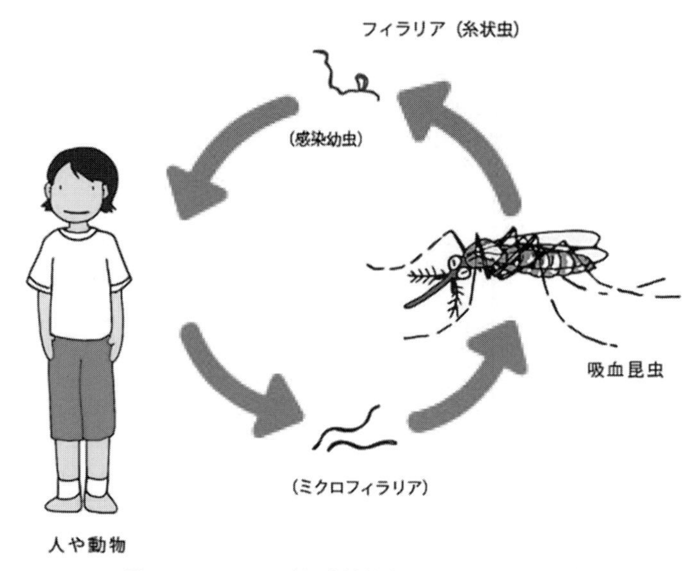

図 2.31 フィラリア類の生活環（イラスト：西澤真樹子）

リアは，かつて北海道を除く日本全土に感染者がいたが，1978年には保虫者が0人になり，1988年には撲滅が宣言された．一方，現在でも東南アジア，西太平洋地域，アフリカや中南米など広く熱帯・亜熱帯地域の世界52ヵ国，8億8600万人が感染リスクにさらされていると推定される．リンパ系フィラリア症の原因となる寄生虫は90%がバンクロフト糸状虫（*Wuchereria bancrofti*）で，残りがマレー糸状虫（*Brugia malayi*），ごく一部の地域にチモール糸状虫（*B. timori*）が確認されている．

かつて日本に蔓延していたリンパ系フィラリアのほとんどはバンクロフト糸状虫であり，八丈小島にのみマレー糸状虫が分布していた．そして古くからその慢性症状である象皮病（手足が太く象の皮膚のようになる病気）や陰嚢水腫（陰嚢内に水が溜まる病気）が知られていた．平安後期から鎌倉初期に描かれた『病草紙：異本』という絵巻物には貴族らしき女性が象皮病を患い，もの悲しい表情をしている様子が描かれているし（口絵14参照），江戸時代の浮世絵師である葛飾北斎や歌川広景の作品には，陰嚢水腫と思われる男性が，大きくなってしまった陰嚢を2人で担いで移動する様子が描かれている（図2.32）．また西郷隆盛はバンクロフト糸状虫に感染していたとされ，頭大に腫大した陰嚢が邪魔で馬にまたがることが困難となり籠に乗って移動していた説は有名で，西南戦争では，腕の

図 2.32　陰嚢水腫の患者を描いた錦絵（歌川広景「江戸名所道戯尽　卅一　砂村せんき稲荷」より一部拡大）（国立国会図書館デジタルコレクションより転載）
大きくなった陰嚢を 2 人で担ぐ様子を女性が見ている．

傷跡と腫大した陰嚢から，首の無い遺体が西郷隆盛であると確認されたといわれている（小林，1994）．

リンパ系フィラリアは，ヒトのリンパ管に寄生し 0.25 mm 程度のミクロフィラリアを産む．産み出されたミクロフィラリアは，血管内に移動して，媒介昆虫である蚊がヒトを吸血する時に体内に吸い込まれる．リンパ系フィラリアにとって蚊は中間宿主であり，蚊の体内で 2 回の脱皮を経て第 3 期幼虫（ヒトに感染する感染幼虫）へと発育する．感染幼虫は蚊の吻鞘に集まり，蚊が再び吸血する際に宿主体上に落下して吸血孔（蚊の刺し口）から体内に侵入する．その後，感染幼虫は約 1 ヶ月かけて，最終的な寄生場所であるリンパ管へ移行し成虫となる（バンクロフト糸状虫の場合，雄成虫は 4 〜 5 cm，雌成虫は 8 〜 10 cm にもなる）．そして雌雄の成虫が出会い，子孫を残す．成虫の平均寿命は 4 〜 5 年，長いものでは 10 年も生きるといわれている．一般的な無脊椎動物の寿命を考慮すると，リンパ系フィラリアの寿命は驚異的に長いのだが，その理由はよくわかっていない．

また，リンパ管にはヒトの免疫細胞が豊富にあり，異物である病原体が生存するには都合の悪い場所のように思える．それにもかかわらず，リンパ系フィラリアが何年もの間寄生し続けるのは奇妙なことである．宿主の免疫から逃れる仕組みについては多くの謎があるが，成虫やミクロフィラリアが免疫系に作用し，免疫から回避していることを示唆する報告が数多くある．また，リンパ系フィラリアのゲノムには，ヒトのサイトカインやケモカインに似たものや拮抗作用をもつと考えられる遺伝子が数多く存在することが明らかになっている．成虫やミクロフィラリアは，多種多様な物質を宿主体内へ放出することがわかっている．それらの分子の中には樹状細胞，ヘルパーT細胞，B細胞などに働きかけることにより宿主の免疫担当細胞を調節したり，宿主が合成するサイトカインなどの発現を変化させたりして，宿主免疫を撹乱させるものもある．このようなさまざまな方法により宿主の免疫をコントロールすることによって，フィラリアは自身への攻撃を弱めていると考えられている．

リンパ系フィラリアの生活環において，ミクロフィラリアにも興味深い性質がある．それは1日のうち一定時間しか末梢血管内に出現しないという現象である．ヒトの血流内にいるミクロフィラリアは，昼間は肺の毛細血管にいて，夜になると末梢血に現れ，朝になると肺へと戻っていく．そのため，リンパ系フィラリア症の診断として，末梢血液中のミクロフィラリアを顕微鏡で調べるためには，夜中に採血する必要がある．また，ミクロフィラリアが末梢血に出現する時間はその地域でフィラリアを媒介する蚊の吸血時間とほぼ一致している．バンクロフト糸状虫を媒介する蚊としてはイエカ属，ハマダラカ属，ヤブカ属が知られている．イエカ属やハマダラカ属の蚊の吸血時間は夕方から夜中であるため，それらが媒介者となる地域ではミクロフィラリアは夜に末梢血中に出現する．一方，ヤブカ属の蚊は日中吸血するため，ヤブカ属の蚊が媒介者となるポリネシアの島々ではミクロフィラリアは昼間に末梢血中に出現する．面白いことに，感染者の睡眠サイクルをずらすとそれに合わせミクロフィラリアの出現時間が変わることが知られている．ミクロフィラリアの定期出現性という現象に関して，ミクロフィラリアがヒトの生理的なリズムを感知しているとか，光のように外的な因子を感知しているなど諸説あるが，明確な答えはわかっていない．

リンパ系フィラリアに感染するとどのような症状がみられるだろうか．実はリンパ系フィラリアに感染してもヒトが死亡することはほとんどない．感染するとしばらくの間は無症状で，数ヶ月後にリンパ節炎やリンパ管炎による熱発作が現れる．この症状をかつて日本では「クサフルイ」と呼んでいた．発熱の原因は成虫やミクロフィラリアの代謝産物や死骸などのアレルギー反応と考えられているが，フィラリアの体内に寄生する共生細菌のボルバキア（*Wolbachia*）属というリケッチアに対する反応ではないかとする説もある．通常，この熱発作は1週間以内に自然治癒するが，多くの患者がこの発作を繰り返し，次第に慢性期に移行していく．リンパ節やリンパ管の炎症により，リンパ液の流れに障害が起きると腕や足にリンパ浮腫がみられるようになり，次第に肥大化し，不可逆的な浮腫となり，皮膚が肥厚・硬化して象皮病になってしまう．また，漏れ出たリンパ液が膀胱に入ると尿と混じり乳び尿となり，陰嚢に溜まると陰嚢水腫となる．このように，どのような症状が現れるかは人によって異なり，ほぼ無症状の人から外見が変わってしまうほどの重い症状までさまざまである．そのため，患者は病気になると働けなくなるなどの経済的な影響のほか，外見が変わることによる差別や偏見に苦しむこともあり，社会的影響が大きい（図 2.33）．

そこで，WHO は世界フィラリア症抑制プログラム（GPELF：global programme to eliminate lymphatic filariasis）という，2020 年までに世界からリンパ系フィラリア症を制圧することを目標にした活動を 2000 年から開始した．この計画には，日本がリンパ系フィラリアを撲滅した際の経験が大いに役立っている．それは集団薬剤投与（MDA：mass drug administration）と呼ばれる，年に 1 度，最低 5 年間，地域住民全員に投薬するという方法である．集団薬剤投与に用いる薬剤は，成虫を殺すことはできないが，ミクロフィラリアは殺すことができ，その効果が体内で約 1 年持続する．また，リンパ系フィラリアが伝播するには多数の蚊が必要である．ある調査によると，バンクロフト糸状虫が子孫を残すためには，ヒト 1 人が感染幼虫を保有している蚊に年間 15500 回も刺されなければならない．このため，集団薬剤投与を数年続けることにより新たな感染者を出さないようにできる．集団薬剤投与を世界中で実施するためには多量の薬が必要となるが，エーザイ株式会社がフィラリア症の薬の 1 つとして使用されているジエチルカルバマジンを無償提供している．このように GPELF には多くの日本人が多大な貢献を

図 2.33　象皮病の患者たち（スリランカにて撮影）（写真提供：伊藤誠博士）

しており，現在では多くの国や地域からリンパ系フィラリアが制圧されたことがWHOから報告されている（ホッテズ，2015）．

b. 動物に寄生するフィラリア

ヒト以外の哺乳類にもフィラリアが感染し，日本でもしばしば感染した動物に遭遇することがある．犬では犬糸状虫（*Dirofilaria immitis*）が広く分布し，沖縄では犬皮下糸状虫（*Acanthocheilonema reconditum*）もみられる．馬からは馬糸状虫（*Setaria equina*）や頸部糸状虫（*Onchocerca cervicalis*）が，牛や山羊などの反芻動物からは指状糸状虫（*S. digitata*），マーシャル糸状虫（*S. marchalli*），パラフィラリア（*Parafilaria bovicola*）などが検出されることがある．このほか，野生動物でも，それらに固有の種や家畜と同一の種が普通にみられる．

動物に感染するフィラリアの中でも，知名度が高いのは犬糸状虫であろう．かつては犬の不治の病として恐れられ，多くの犬を死に追いやってきた．かの有名な忠犬ハチ公も犬糸状虫の感染が死因の1つであると考えられている．最近では，室内飼育犬の増加や予防薬の普及，媒介蚊の生息域の減少に伴い，都市部では犬の犬糸状虫の感染率は減少しつつある．しかしながら，郊外で飼育されている犬では未だにみられ，他にも猫やフェレットなどのペット，オオカミやライオンなどの動物園動物，タヌキやキツネ，イタチ，オットセイなどの野生動物の心臓から虫体が検出されることもある．また，感染犬から蚊を介してヒトに感染し，幼虫移行症を起こした事例も報告されている．

犬糸状虫はヤブカ属やイエカ属などの蚊によって媒介され，ヒトのリンパ系フィラリアと同じように吸血の際に感染幼虫が犬などに感染する．犬体内ではまず中間発育場所と呼ばれる皮下や筋肉，脂肪組織に侵入し，そこで3〜4ヶ月留まる．その後，静脈を通って心臓，肺動脈に到達し成虫となりミクロフィラリアを産出する．成虫は肺動脈や心臓に寄生するため（図2.34），感染犬では慢性的に血液循環障害を起こし，疲れやすくなり，呼吸器症状がみられ，腹水が貯留して腹部が膨らむ．また虫体が血管に詰まったり，心臓の弁を障害したりすることで犬が急死することもある．

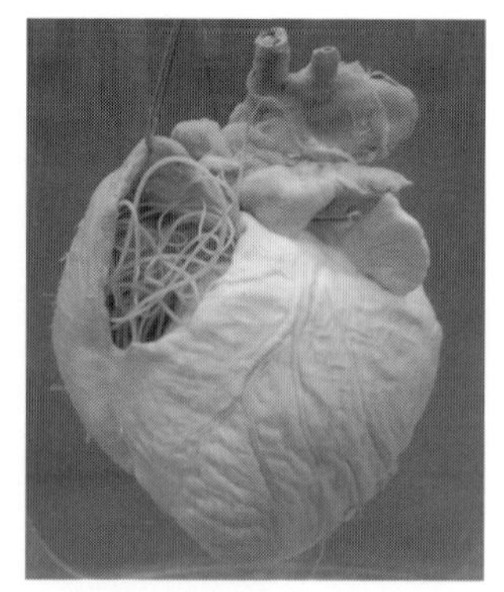

図 2.34 心臓に寄生する犬糸状虫の成虫（愛知医科大学所蔵）
その名の通り，糸のように細長い．

犬を飼育している方であれば，動物病院でフィラリア予防薬を処方された経験があるだろう．犬にフィラリア予防薬を投与する前に，必ず血液検査を実施し，ミクロフィラリアの存在を調べている．もし，血液中にミクロフィラリアがいる状況で予防薬を投与した場合，ミクロフィラリアは血管内で急速に死滅するが，それに伴いフィラリアのアレルギー抗原が多量に放出されるため，発熱や，激しいときはアナフィラキシー反応が起きる．ミクロフィラリアの検査が陰性であるときは血液内にフィラリアの成虫がいないと判断される．しかし，成虫が寄生しているにもかかわらず，血液内にミクロフィラリアが出てこないこともある．これをオカルト感染といい，成虫が未熟あるいは老齢でミクロフィラリア生殖能が低い，あるいは雌雄どちらか一方のみが寄生しているときなどにみられる．また，ヒトのリンパ系フィラリアと同様にミクロフィラリアには定期出現性があり，採血時刻によっては陰性となる．そのため，現在では犬糸状虫の検査は，寄生する成虫の排泄物などの抗原を検出する方法が主流となりつつある．

投与されるフィラリア予防薬は，犬体内に侵入し中間発育場所で待機している幼虫を駆除するためのものである．すなわち「感染」を予防しているわけではなく「血管で成虫になること」を防いでいるのである．心臓や肺動脈に成虫がいる場合の治療方法は，まずヒ素剤の投与や血管内にアリゲーター鉗子を挿入して肺動脈に寄生する成虫を駆除・摘出し，ついで，ミクロフィラリアをジチアザニンで駆除することになる．これらの治療法では重篤な副作用により時には急死する場合もあることから，予防を怠り，犬糸状虫が成虫まで発育してしまった場合，犬が受ける負担は相当なものとなる．獣医療費の負担を減らそうと海外から予防薬剤を輸入し，検査なしで動物に投与する人がいると聞く．上で述べたように，これはミクロフィラリアや成虫の検査をしていないので，たいへん危険である．動物を飼うというのは手間もお金もかかるものであるが，防げる病気と天秤にかけてはいけない．

〔高木秀和・常盤俊大〕

文　献

小林照幸：フィラリア―難病根絶に賭けた人間の記録，pp. 7-18，TBSブリタニカ，1994.

ピーター，J. ホッテズ：顧みられない熱帯病―グローバルヘルスへの挑戦，pp. 65-88，東京大学出版会，2015.

ナメクジ食べるな危険　脳を破壊する床屋のサイン？

2.3.5　広東住血線虫

住血線虫（*Angiostrongylus*）属は線形動物門住血線虫科に属する線虫類で，その名の通り，血管内の血液中に住んでいる．さまざまな哺乳類から約20種が記載されており，ヒトの腸管の血管に寄生するコスタリカ住血線虫（*A. costaricensis*）や，イヌ科動物の肺動脈（心臓から肺に血液が流れ込む血管）に寄生するフランス住血線虫（*A. vasorum*）が知られる．そして中でも広東住血線虫（*A. cantonensis*）は，ヒトの脳に侵入して病気を起こす悪名高い寄生虫として広く知られている．最近ではオーストラリアのラグビー選手が悪ふざけでナメクジ類を食べて感染した事例がメディアで度々紹介されたこともあり，ご存知の読者も多いだろう．

広東住血線虫の終宿主はヒトではなく，クマネズミ属（ドブネズミやクマネズミが含まれる）やオニネズミ属などのいわゆるラットと呼ばれる中型のネズミである．この線虫の成虫は，それらの肺動脈に寄生する（図2.35）．上記の属にあたらない，ジャコウネズミやスナネズミなどの一部のげっ歯類の肺動脈でも成熟は可能とされるが，おそらく定着することが少なく，本来の宿主ではないので居心地が悪いのだろう．この虫の成虫は体長2～3 cmと細長く，メスの体内には血液成分を含む赤色の腸管と白色の生殖器が螺旋状に捲いて美しい縞模様となっており，そのようすが理髪店の「サインポール」に例えられることがある（口絵15参照）．成虫は血管内で産卵し，虫卵は血流にのって宿主の肺に到達し，その細い血管に詰まる．やがて肺で孵化した第1期幼虫は，肺胞から気道を登ってから飲み込まれ，腸管を経て糞便とともに排出される（図2.36）．こうして外界に出た幼虫は，中間宿主の動物に食べられて感染し，その体内で2回の脱皮を経て第3期幼虫へと発育する．中間宿主の特異性は低く，淡水や陸上に生息するナメクジ類やカタツムリをはじめとした貝類の多くが感染し得ると考えてよい．また，カエルはオタマジャクシの時期に感染し，変態した後も幼虫を保有するという．このほか，これらの中間宿主を捕食した肉食の貝類やトカゲ類，淡水エビ，淡水魚は待機宿主となることが知られている．ラットは中間宿主や待機宿主を食べることで感染

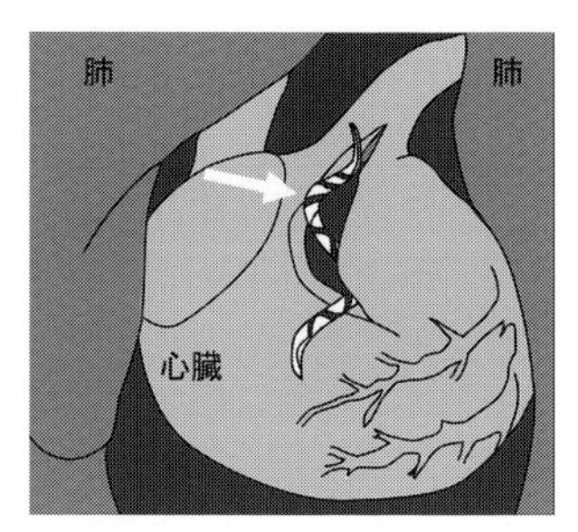

図2.35　心臓に寄生する成虫（矢印）
心臓の肺動脈付近を解剖すると虫体が露出する．

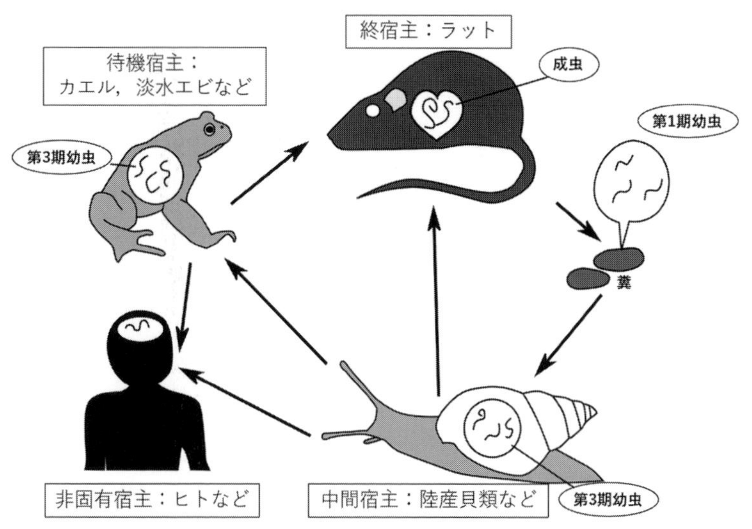

図 2.36　広東住血線虫の生活環

し，幼虫は腸管から血管やリンパ管に侵入し，あるいは筋肉から神経を伝って脊髄を経て脳まで到達するという．脳のクモ膜下腔で成長した幼虫は，脳静脈や頸静脈を経て肺動脈まで達し成虫となり，交尾を行い血管内で産卵する．

この虫はこのようにラットを中心に「うまく生きている」わけであるが，本来の宿主ではないヒトに感染した場合はどうなるのだろうか．広東住血線虫の第3期幼虫は，ヒトの体内に入ると脳に到達することができる．しかし，ラットのように脳から肺動脈に移行することはほとんどなく，そこで死滅してしまう．このように広東住血線虫にとってヒトは適応的でない宿主であることから非固有宿主とも呼ぶ．さてヒトの脳内では，侵入した幼虫が暴れることで周囲の脳組織が障害されるが，その幼虫の周囲には白血球の一種である好酸球が数多く集まってくる．この好酸球の細胞質内には細胞毒性のある顆粒タンパク質が充満しており，好酸球は自爆することで顆粒を細胞外に放出し，幼虫を攻撃する．このとき，同時に周囲の脳組織にも障害を与えてしまう．さらに中枢神経系に免疫細胞が集まり，また脳脊髄液の流れが悪くなることで頭蓋骨内部の圧力が上昇し，その結果として脳が圧迫され，激しい頭痛や痙攣発作，発熱が起きる．したがって，広東住血線虫症の治療は虫くだし薬ではなく，免疫を抑制する薬を投与し過剰な免疫を抑える対症療法が基本となる．多くの症例の予後は良好であるが，感染した幼虫の数が多く脳への障害が重篤であると，先に述べたラグビー選手のように四肢麻痺などが後遺症として残る場合もある．一方，不思議なことに，ラットなどの本来の終宿主では広東住血線虫が脳に寄生していても非固有宿主のように好酸球は増えず，順調に成長していく．神経症状も通常みられないが，肺まで到達した成虫により産卵された虫卵が肺に詰まることで呼吸器障害が起きることがあるのがヒトに感染した場合との大きな違いである．このほか，ヒトでは眼にも幼虫が入り視力障害を引き起こすことも知られている．

ヒト以外の非固有宿主に感染した場合はどうなのだろうか．国外では，犬や馬のほか，霊長類，有袋類，鳥類が広東住血線虫に感染した症例が報告されている．これらの動物の体内における幼虫の動きはヒト体内のものと似ており，脳内に侵入した幼虫はそこで死ぬが，好酸球性の脳髄膜炎が引き起こされ，それに伴う神経症状がみられる．日本国内では，これらの動物の感染事例の報告はないが，中間宿主を摂取する機会のある動物において今後問題が顕在化してくる可能性もある．

日本における広東住血線虫の分布は全国的で，1964年に西表島で検出されて以降，南は沖縄から北は北海道まで各地で感染動物が発見されている．検出地域が港湾部に多いことから，船舶等に紛れ込んだドブネズミやクマネズミに寄生して一緒に長距離を移動し，港湾部に生息するチャコウラナメクジなどの貝類との間で生活環が回っているのだと推察されている（堀ほか，1973）．一方都市部では，住宅地の暗渠（あんきょ）や繁華街に生息するドブネズミにおいて高率かつ濃厚感染している個体が見つかることがある．ラットが好む環境であれば中間宿主となる生物はどこにでもいるので，広東住血線虫がいる可能性を考慮すべきである．また，外来生物であるアフリカマイマイやスクミリンゴガイ（いわゆるジャンボタニシ），ヤマヒタチオビガイが中間宿主あるいは待機宿主となり，これらの個体数増加や分布域拡大に伴い流行地域が広がる可能性もある．

ヒトへの主な感染経路は第3期幼虫を食べることによる．かつてはアフリカマイマイやヒキガエルの生食が主な感染源であったが，広東住血線虫の存在が広く知られるようになり，最近ではこれらを原因とした症例はほとんど見られない．他方で，生野菜などに入り込んだ感染貝を，気がつかないまま食べてしまって感染したとみられる事例も報告されている．特に，流行地であるハワイでは，貝類と直接接触のない旅行者において広東住血線虫症が散発発生しており，これは汚染された野菜を食べたからではないかと思われる．実際に，貝類はキャベツ等の葉の隙間に入ることがあり，これらを自動スライサーなどで細かく切ったり，ミキサーでスムージーにしたりしてしまうと気がつかない．このほか，濃厚感染している貝ではその粘膜に幼虫が出てくることがある．幼虫は乾燥に弱いが，水滴などがあれば外界でも数日間生存できるので，幼虫で汚染された生野菜も感染源となり得る．

広東住血線虫の感染を防ぐには，陸上や淡水の貝類，カエル，淡水エビなどの生食を避け，野菜は十分に洗うことが望ましい．感染源となる第3期幼虫は2～3分以上の煮沸で感染性が失われるため，十分な加熱調理は有効である．また，ラットがいる地域ではナメクジ類やカタツムリなどを手で直接触れることは避けたい．最近，インターネットの動画配信サービスで，いわゆるゲテモノを生食する場面をしばしば目にするが，視聴者を集めるために感染リスクを高める行為は避けるべきである．　〔常盤俊大・脇　司〕

文　献

堀　栄太郎ほか：東京港湾地区における広東住血線虫の調査研究（2）中間宿主について．寄生虫学雑誌，**22**（4），209-217，1973.
常盤俊大・赤尾信明：身近な人獣共通寄生虫症―広東住血線虫症．日獣会誌，**66**，757-762，2013.

輸血から感染？　白血病を引きおこす？

2.3.6　ピロプラズマ

ピロプラズマ（piroplasma）は，アピコンプレクス門に属するバベシア（*Babesia*）属ならびにタイレリア（*Theileria*）属原虫の総称であり，マダニによって媒介され，主に牛や馬，羊といった家畜の赤血球に感染する．このうち，バベシアは宿主の体内では赤血球にのみ寄生し，マダニの刺咬により原虫が宿主の体内に入ると，赤血球に直接侵入して増殖を繰り返す．一方，タイレリアは宿主の体内ではまず白血球に寄生し，分裂・増殖した後に赤血球に寄生するという違いがある．家畜のピロプラズマ病は日本のみならず，世界中の畜産業に多大な経済的被害をもたらしている（図2.37）．

a.　バベシア

バベシア症（babesiosis）を引き起こすバベシアは，現在哺乳類，鳥類に寄生する100種ほどが報告されており，このうち医学・獣医学上で問題となっているバベシアは牛のバベシア（*B. bovis, B. bigemina*），犬のバベシア（*B. gibsoni, B. canis*），そして人にも感染するげっ歯類のバベシア（*B. microti*）である．

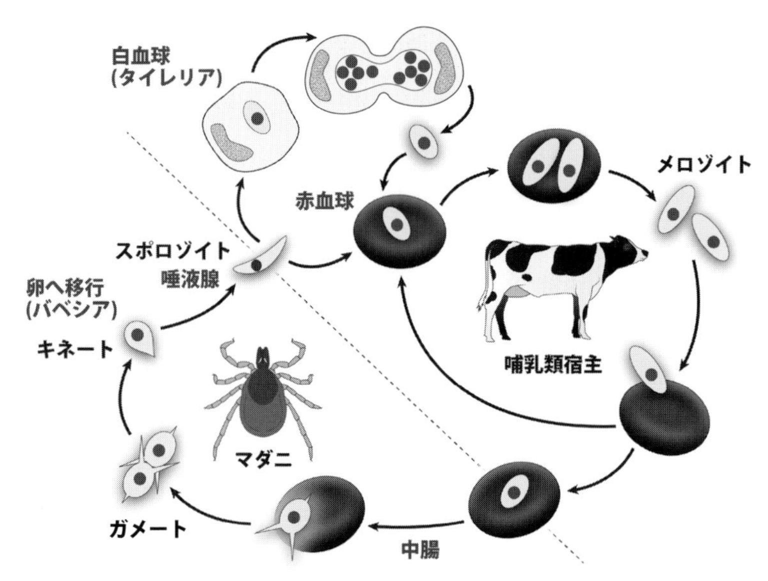

図 2.37　ピロプラズマの生活環（イラスト：鈴木智也）
マダニによって媒介され，哺乳類宿主の主に赤血球内に寄生する．タイレリアは白血球にも寄生．

バベシアは赤血球寄生性のため，感染した動物はマラリアと同じく発熱，貧血，脾腫，黄疸，血色素尿といった症状を示す．原虫が感染した赤血球はその後，新たなマダニに取り込まれ，原虫はマダニの中腸内で有性生殖を行うが，バベシアの特徴的な点は，メス成ダニが取り込んだ原虫が有性生殖ののち，マダニの虫卵に侵入し，次世代の幼ダニへと移行する点である（介卵伝播）．1匹のメス成ダニは約3000個の虫卵を産むため（辻・藤崎，2012），介卵伝播により原虫を保有する幼ダニが大量に発生することになり，これが効率的な原虫の伝播を手助けすることに繋がっている（図2.38）．

牛のバベシア症は未だに中南米やオーストラリアを始めとする主要畜産国で多大な経済被害をもたらしているが，バベシア保有マダニによって一度牧野が汚染されると，マダニは野外では数年間吸血せずに生存できるため，バベシア症の根絶は難しいのが実情である．また，牛バベシア（*B. bovis*）では貧血などの症状に加え，原虫感染赤血球が脳の毛細血管を栓塞する脳性バベシアが知られており，神経症状を呈した牛の致死率はきわめて高い．日本においても過去には沖縄に牛バベシアが分布していたが，マダニ対策によりその根絶に成功し，現在日本には

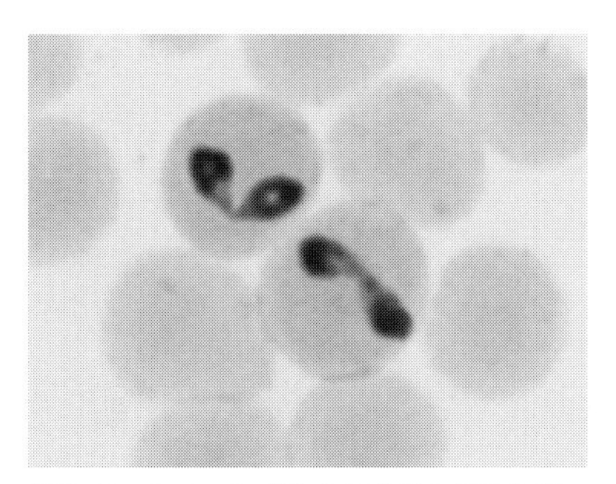

図 2.38　*B. bovis* 感染赤血球ギムザ染色像［口絵 16］

低病原性の大型ピロプラズマ（*B. ovata*）のみが分布する．

一方，犬のバベシア症については，日本では犬ギブソンバベシア（*B. gibsoni*）が西日本を中心に分布しており，東日本では主に闘犬での感染が報告されているが，犬の移動などに伴って東日本への分布域の拡大が懸念されている．主な媒介マダニは重症熱性血小板減少症候群（SFTS）の媒介ダニとしても知られているフタトゲチマダニであり，マダニが生息する山野に犬を連れて行く際は注意が必要である．予防はフィプロニル製剤によるマダニの駆除が有効だが，感染した場合はジミナゼン製剤などによる治療が行われる．ただし，ジミナゼンによる治療では，治療後バベシア症が再発するケースがあり，また副作用は強いとされる．

さらにバベシア症で注意が必要なものが，バベシアのヒトへの感染である．以前から北米では *B. microti* が人に感染することが知られていたが，日本においても *B. microti* によるヒトのバベシア症が 1999 年に報告されている（斎藤，2007）．これは，貧血で治療中の患者から見つかったもので，その後の調査から輸血による感染であることがわかっている．分離された原虫は患者が報告された地名から神戸株と呼ばれているが，*B. microti* 自体は北海道から九州の野ネズミから広く検出されているため，他の地域でも発生する可能性がある．

b.　タイレリア

1898 年にコッホ（R. Koch）博士が *Theileria parva* を初めて発見し，その後哺乳類寄生性の種が多数報告されている．特に病原性の強い牛の悪性タイレリアの 2 種，*T. parva* と *T. annulata* が獣医学上重要である．これらはそれぞれアフリカ・アジアにおいて東沿岸熱（East Coast fever）と熱帯タイレリア症（Tropical theileriosis）を引き起こしているが，日本には幸い低病原性のタイレリアしか存在しない．牛タイレリア症の治療にはナフトキノン製剤のブパルバコンなどが使用されているが，ブパルバコン耐性タイレリアの出現が報告されており，新たな治療薬の開発が必要とされている．

T. parva と *T. annulata* が悪性症状を示す理由は，寄生した宿主白血球のトランスフォーメーション能（細胞が無限に分裂する能力や転移する能力，がん化に似た形質）をもつためである．タイレリアによってトランスフォームされた白血球は無制限な細胞分裂が誘導され，宿主白血球の細胞分裂に乗じてタイレリア自身も増殖していく．感染した牛の体内ではタイレリア感染白血球が異常に増殖し，発熱とリンパ節の腫脹が見られ，非常に高い致死率を示す．トランスフォーメーションのメカニズムとしては，がん遺伝子産物である c-Myc の活性化（Dessauge *et al.*, 2005）や，がん抑制遺伝子産物である p53 の機能阻害（Haller *et al.*, 2010）などが報告されているが，全容の解明には至っていない．〔麻田正仁・佐倉孝哉〕

文　献

Dessauge, F. *et al.* : Taking the Myc is bad for *Theileria*. *Trends Parasitol.*, **21** (8), 377-385, 2005.
Haller, D. *et al.* : Cytoplasmic sequestration of p53 promotes survival in leukocytes transformed by *Theileria*. *Oncogene.*, **29** (21), 3079-3086, 2010.
斎藤あつ子：アジア地域における新興人畜共通感染症「バベシア症」に関する研究．神戸大学医学部神緑会学術誌，**23**，80-83，2007.
辻　尚利・藤崎幸蔵：マダニの生存戦略と病原体伝播．化学と生物，**50** (2)，119-126，2012.

2.4 途上国や旅先で出会う寄生虫

「赤い城」に住む人類最大の敵！　薬が効かなくなる死神

2.4.1 マラリア原虫

マラリアと聞くと，一般の方には「なんかヤバい・怖い病気」「暑い地域に行くと罹ってしまう病気」「蚊が悪さをする病気」といったイメージが強いのではないだろうか．筆者も親戚などに自分の研究の話をすると，この類の印象が非常に強く，よく心配される．確かにこれらのイメージは，まぁ大体は合っているのだけれども……．

マラリアは，結核・エイズと共に世界三大感染症の1つであり，赤道付近の熱帯・亜熱帯地域などを中心に広く流行し，さまざまな対策がなされているが制圧には至っていない．特に，薬剤耐性の問題，ワクチン開発が難しいこと，また最近はサル類のマラリア原虫がヒトに感染して問題となる事例が世界中から報告されるなど，マラリア撲滅はなかなか一筋縄ではいかない．これらの難題の核にあるのは，「マラリアの病原体が賢い真核生物・寄生虫」であることではないかと，筆者は思っている．

病原体であるマラリア原虫（*Plasmodium*）は，「単細胞生物のくせに」オスやメスとなり「交尾（有性生殖）」をしたり，発育期によって姿かたちを変えたり，寄生する細胞を乗り継いだりと，なかなか巧みにずる賢く宿主からの攻撃をかわし生き抜いている．そこで本項では，マラリアの疾患としての問題や現状に関して紹介すると共に，この手強い「マラリア原虫」の生物としての側面などにふれ，この憎たらしくも賢い寄生虫に関して紹介したい．

a.　病としてのマラリア

1）マラリアの背景

マラリアは，ハマダラカによって媒介されるマラリア原虫の感染に起因する疾患である．罹患者数は，年間 2 億人以上，死亡者数は 44 万人以上にも及ぶ世界最大の感染症の 1 つである．流行地域は，アフリカ・東南アジア・中南米などの熱帯・亜熱帯を中心に世界中に広く分布しており，さまざまな疾患対策が試みられているが制圧には至っていない．近年，アルテミシニン併用療法（ACT：artemisinin-based combination therapy）などの効果により死者数は減少傾向にあったが，ごく最近の数年は死亡者数減少の「下げ止まり感」は否めず，また年間罹患者数に大きな変動はないことから，撲滅は困難を極める．

現在の日本国内におけるマラリアは，そのすべてが輸入症例であり，患者の感染流行地への渡航や，感染流行地からの移住者などによって国内に持ち込まれており，年間 50～100 例が報告されている．しかし，古くは日本においてもマラリアが流行していたことは明らかであり，古典にしばしば登場する瘧病（おこりやまい）は，間欠的に発熱・悪寒や震えを発する病気であることからマラリアを指すと考えられている．『源氏物語』の光源氏が病んでいたという記載は有名であり，『明月記』や『十六夜日記』にも同様の記載がされている．また，一休宗純（一休さん）が酬恩庵（京都府）においてマラリア「瘧」で死去したとされている．この日本土着マラリアは，20 世紀初頭頃までは数十万人いたという推計があり，1945 年頃までは年間数万人の患者が発生していたとされている（1.3 節参照）．媒介蚊は主にシナハマダラカであったとされており，マラリア媒介能力があまり高くなく，近代化に伴い蚊の発生源が限られ，また夏しか蚊が発生せず流行が制限された，などの理由が相乗的に作用し，日本土着のマラリアはなくなったと考えられている．

2）マラリア病態

ヒトに感染するマラリア原虫種は，熱帯熱マラリア原虫（*P. falciparum*），三日熱マラリア原虫（*P. vivax*），四日熱マラリア原虫（*P. malariae*），卵形マラリア原虫（*P. ovale*）の4種と，人獣共通感染サルマラリア原虫（二日熱マラリア原虫：*P. knowlesi*）が知られている．ヒトがマラリアに罹ったときは発熱・貧血・脾腫がメジャーな3徴候とされるが，実際にはさまざまな症状を複合的に呈する．具体的な症状として，ガタガタと震えるような悪寒，倦怠感，貧血，頭痛，腹痛，関節痛，筋肉痛，下痢，黄疸などが認められる．また血小板減少，肝機能障害，腎機能障害，肺水腫，出血傾向，アシドーシス，白血球増多・低下などが認められる．特に「重症マラリア」では，劇的で急性の経過をとり，重度の脳症（意識障害，痙攣，錯乱，昏睡）や，腎障害（蛋白尿，乏尿，無尿，尿毒症）などの障害を起こすことから，適切な処置を施さないと死に至るため注意が必要である．この重症マラリアは「熱帯熱マラリア」であるケースがほとんどを占めており，感染した赤血球がベタベタと毛細血管内壁に付着し，閉塞・炎症反応などを引き起こすために，脳障害や腎障害などさまざまな臓器での重症化が起きると考えられている．

マラリア流行地での死亡者の多くは重症マラリアによるもので，死亡者の約90%はサハラ砂漠以南に居住する5歳以下の子どもであり，これら流行地域の子どもは5歳になる前に5人に1人は死亡するといわれている．つまり抵抗力のない子どもはその時点で生存できず，生き残った子どもは繰り返し感染することで免疫を獲得することができると考えられている．そのため感染流行地域の大人は，マラリア原虫を保有しても発症しない無症候性キャリア（asymptomatic carrier）の場合が多く，栄養状態や免疫能などが低下するとマラリアを発症する例が散見される．一方で，渡航者などの免疫のない人が熱帯熱マラリアに感染した場合，特に急性の経過をとり重症化しやすく注意が必要である．

b. マラリアの病原体—マラリア原虫と生活環（ライフサイクル）—

マラリア原虫は，ヒト体内とハマダラカ内の双方で増殖し，ヒト－ハマダラカ間を往来することで感染を拡大・伝播する．

1）ヒト体内での発育（肝内期と赤血球期）

マラリア原虫は，肝臓と赤血球に侵入・感染し，寄生を成立させる．

【最初の宿・ハマダラカからヒトへ：肝内期】

ヒトへの感染は，ハマダラカの吸血とともに注入される「細長い」マラリア原虫（スポロゾイト：SPZ）が，速やかに肝臓に到着し細胞内に侵入（肝内期原虫，図 2.39①）することから始まる．この肝内期マラリア原虫には，原虫種により休眠期を生じることが知られており，数ヶ月〜数年もの長い期間，肝細胞内にて休眠を続けることが知られている．肝細胞侵入後の原虫は他の肝細胞への再侵入はできず，また肝細胞の平均寿命は約半年とされることから，休眠期原虫は「宿である肝細胞の延命」を願う必要があるが，そのメカニズムは明らかでない．一方で増殖にシフトした肝内期原虫は，成熟すると数万もの「丸っこい形」の原虫（メロゾイト：MRZ）を産生する．この肝内期は，増殖でも休眠でもヒトは症状を呈さず，原虫種により 5〜13 日以上を要する．そのためマラリアを発症するためには，最短でも 5 日以上かかるとされており，他の熱性疾患との判別根拠の 1 つとされる．

【ヒト体内での宿（細胞）の乗り継ぎ・肝臓から赤血球へ：赤内期】

肝臓から血流中に放出されたメロゾイトは，次の標的宿主である赤血球に寄生し，増殖（赤血球期原虫，図 2.39②）を繰り返す．感染患者は，この赤血球期に移行した後に，初めて症状を呈する．これは原虫が増殖する際に大量の赤血球を破壊し，同時にマラリア色素（ヘモゾイン）を放出して，さまざまな炎症反応などを引き起こすため発熱などを呈するとされている．ヘモゾインは，赤血球内に

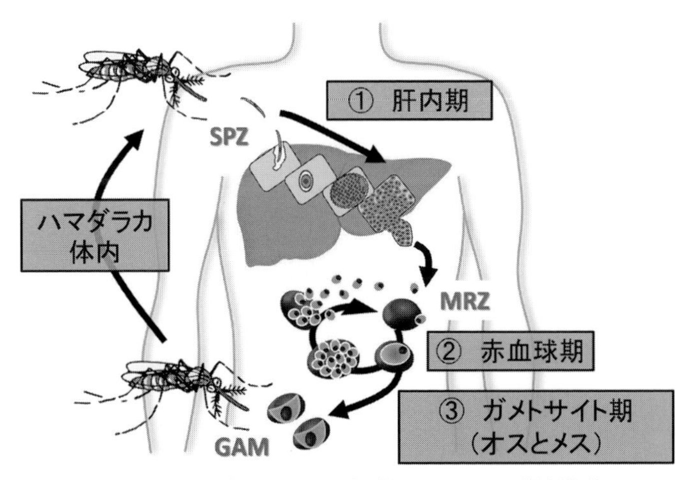

図 2.39　ヒト体内のマラリア原虫（蚊のイラスト：西澤真樹子）

大量に存在するヘモグロビンをマラリア原虫が利用した結果生じる不溶性の結晶であり，「色素」と呼ばれるくらい綺麗な褐色を呈する．このヘモゾイン形成は，マラリア原虫の生存には必須であり，宿主であるヒトには存在しないことから，薬剤標的（代表的な抗マラリア薬であるクロロキンやメフロキンといったキノリン系薬剤の標的）ともなっている．マラリア原虫の増殖の1サイクルの期間が，原虫種により異なることから，原虫種に応じた発熱周期が存在する（48時間サイクルの三日熱と卵形，72時間サイクルの四日熱，基本48時間サイクルだが不規則な発熱周期の熱帯熱など）．

【旅立ちの準備・ヒト血液からハマダラカへ：ガメトサイト期】

その後，ヒト血流中で増殖したマラリア原虫は，その一部がオスやメスとなるガメトサイト期（GAM，図2.39③）となり，これらのガメトサイトがハマダラカに吸血されると中腸内で有性生殖を行う（図2.39；図2.40）．ガメトサイトに移行した原虫は，ヒト体内では二度と分裂増殖できないことから，宿主移行を決断した「旅立ちの準備」の発育期ともいえる．

このようにヒト体内におけるマラリア原虫は，①②③と異なる発育期を示すが，この順番が入れ替わることはなく，なかなか几帳面な一面が垣間見える．つまり①のスポロゾイトは，血流に入るとすぐ傍に②の宿主となる赤血球がわんさといるわけだが，目もくれず肝細胞を目指し，②で繰り返し増殖を続ける赤血球期の原虫が①の宿主である肝細胞に感染することはない．また③に移行したガメトサ

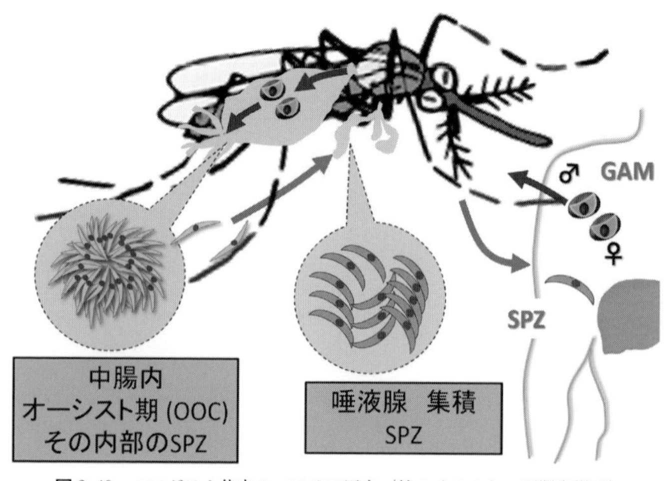

図2.40　ハマダラカ体内のマラリア原虫（蚊のイラスト：西澤真樹子）

イトが増殖することはない．見方によっては，なかなか潔く，不器用な印象もある．しかし一方で，単一薬剤では①②③すべての発育期を同時に叩くことができない（主なマラリア治療薬は②を殺滅し①や③には効果がない）ことを考えると，やはり原虫は，したたかに生き抜く布石としての複数の発育期をもつといえるかもしれない．WHO などが開発を推奨する「すべての発育期に効果を発揮する薬剤」の開発は，はたして可能なのだろうか？

2）ハマダラカ体内での発育

【次世代を育む本当の宿・ハマダラカの中腸へ：オーキネート・オーシスト期】

マラリア原虫にとって，有性生殖を行う場であるハマダラカが終宿主ということになる．ガメトサイトは，ハマダラカに吸血されると中腸内で速やかに接合・有性生殖を行い，運動性を有するオーキネートと呼ばれる発育期となり，すぐに中腸壁への侵入を試みる．その後，ハマダラカの中腸壁をグイグイと押しやりながら寄生の場を確保し，オーシスト期（OOC）と呼ばれる発育期に移行する（図 2.40）．このオーシスト期は，その内部に数千ものスポロゾイトを内包しながら増殖する．十分に増殖したスポロゾイトは中腸壁を破って体腔内へと飛び出し，唾液腺へと“遡上”を開始する．この唾液腺への遡上と，腺内への侵入・集積に成功したスポロゾイトだけが，次の宿主であるヒトに吸血時に注入してもらうことが可能となり，次の感染を成立させることができる．この唾液腺に侵入したスポロゾイトと，オーシストのスポロゾイトは，見かけ上は非常にそっくりだが，侵入・感染できる宿主細胞は明確に異なり，オーシストのスポロゾイトは肝細胞に侵入できない．やはりハマダラカから飛び立つプラットフォームである唾液腺に到達し，そこで成熟されることが必須なようである．

このようにマラリア原虫は，一連のライフサイクルを一周できてはじめて一生を遂げることができる．なんと面倒で几帳面な単細胞生物なんだろうか……，と筆者は感じるのである．

c.　マラリアのトピック

1）人獣共通感染サルマラリア

これまで，マラリア原虫の宿主特異性は高く，動物種間の垣根を越えて感染が成立することはまれである，とされてきた．つまり，ヒトのマラリア原虫はヒトに，サルのマラリア原虫はサルに，といった概念が当たり前であった．しかし近年，それらを揺るがす報告が増加傾向にあり，留意すべき事態にある．これまでに *P. knowlesi* だけが「人獣共通感染症としてのサルマラリア」として注目されていたが，最近，複数のサルマラリア原虫種のヒトへの自然感染例・アウトブレイクが世界各地から報告されている．これは「人獣共通感染症としてのサルマラリア」が，突然増加したわけではなく，鑑別診断方法などの改善により種別判定されたことを示唆している．これらの報告は，喫緊の課題としての重要性を指摘しているのではなく，むしろマラリア感染防除に対する考え方，根絶対策，あるいはマラリア原虫の生物としてのしぶとさに関して考えるきっかけを与えてくれる，と筆者は思う．マラリア原虫の賢さに，人間の英知がようやく追いついた……というべきだろうか．

2）薬剤耐性

残念ながら，既存の抗マラリア薬のほぼすべてに対して，薬剤耐性あるいは低感受性となるマラリア原虫が存在することが報告されている．このマラリア原虫の薬剤耐性は，遺伝子変異などによる薬剤耐性の獲得がメインとなるが，1遺伝子の変異獲得による耐性というよりはむしろ，複数の変異が生じ，それらを複合的に獲得できた原虫が結果的に耐性を獲得している傾向が強いようである．驚くべきはその耐性獲得のスピードであり，クロロキンやメフロキンなどの古くからある薬剤は，使用開始から約10年後には耐性原虫が生じ，それらは瞬く間に世界全体に広がっている．現在WHOが推奨するACTは，薬剤標的と殺原虫効果のタイミングが異なる2剤での治療を推奨している．しかしながらACTの主軸となるアルテミシニンは，既に薬剤耐性原虫の存在が報告されている．人間とマラリア原虫の知恵比べ，果たしてどちらに軍配があがるのだろうか．

3）ワクチン開発

マラリア原虫は獲得した寄生戦略（多重族遺伝子群や遺伝子多型などの発達）により，防御免疫の標的となる抗原部位を多様に変化させることから，ワクチン開発は困難を強いられる．マラリアワクチンの開発は，組換え抗原などを使用するサブユニットワクチンと，生きたマラリア原虫をそのままワクチン株として使用する原虫生ワクチンに分けられる．より多くの研究が進められているサブユニットワクチンは，マラリア原虫の生活環を断つ3箇所（肝内期・赤血球期・伝播阻止）が想定され，標的とする抗原や効果などが異なる．原虫生ワクチンに関しては，主に肝内期原虫での防御効果に関して臨床試験などが世界中で精力的に行われている．詳細は以下の文献などを参照いただきたい．〔案浦　健〕

文　献

案浦　健：マラリアワクチン開発の現状と展望．動物用ワクチン―バイオ医薬品研究会ニュースレター，**9**，12-15，2014．
案浦　健：マラリアワクチン開発の現状と展望 ～ Let's get back to the basic? ～．日生研たより，**64**（4），59-64，2018．
案浦　健：マラリアワクチン．アメーバのはなし―原生生物・人・感染症，p. 48，朝倉書店，2018．

ゾウリムシからヒトまで　寄生能力のチャンピオン誕生の秘密

2.4.2 トリパノソーマ

トリパノソーマ属（*Trypanosoma*）原虫が寄生するトリパノソーマ症は，世界で約1000万人が感染し，数億人が感染のリスクにさらされている重要熱帯病である．ここでは，「病原体」としてではなく「寄生体」としてのトリパノソーマ，特にその進化に焦点を当てて紹介したい．

a. トリパノソーマとミドリムシの深い関係

トリパノソーマは1本の鞭毛をもつ寄生性の原生生物（原虫）で，トリパノソーマ科（Trypanosomatidae）に分類される．トリパノソーマ科に含まれる種はすべて寄生性で，寄生する宿主の種類も非常に多い点が特徴である．脊椎動物だけでも魚類，両生類，爬虫類，鳥類，そしてヒトを含む哺乳類に寄生する種が存在する．また，昆虫に寄生するものや植物に寄生するもの，さらには水棲の原生生物であるアメーバやゾウリムシに寄生するものもいる．宿主の種類の豊富さだけでいえば，寄生虫界のチャンピオンといってよい．トリパノソーマ科では，寄生性から自由生活性に戻った種は知られていない．寄生という生活様式は，いったんそこに適応してしまうと後戻りできない，ある意味，袋小路の進化であるといえるだろう．

トリパノソーマ科原虫を含む，鞭毛をもつ生物群をユーグレノゾアと呼ぶ．ユーグレノゾアという名前に聞き覚えがなくても，ユーグレナはどうだろう．ユーグレナは最近健康食品などで私たちにもなじみ深くなってきた，光合成を行う鞭毛虫ミドリムシのことで，ユーグレノゾア（Euglenozoa）という名称はユーグレナの属名（*Euglena*）に由来している．

b. トリパノソーマ・イブ

トリパノソーマ科に属する種がすべて寄生性ということは，トリパノソーマの「イブ（始祖）」も寄生性であったと推論できる．では，トリパノソーマ・イブはどのような生物を宿主としていたのだろうか．これを調べるのに役立つのが，分子系統樹を用いた解析である．分子系統樹の作成にはいくつかの方法（近隣結合法や最尤法など）があるが，基本的には調べたいすべての生物種に共通する遺伝子（DNA）の塩基配列やタンパク質のアミノ酸配列を比較し，似た者同士を近くに並べたとき，系統樹の一番根元に近い生物が共通祖先の特徴を色濃く残していると考えられる（図2.41）．その結果明らかになったのは，トリパノソーマ・イブは昆虫（蚊）の消化管に寄生する種であった可能性が極めて高いという報告だった（Flegontov *et al.*, 2013）．蚊の幼虫のボウフラは水中で生活し，有機物を食べて育つ．トリパノソーマの共通祖先がボウフラに捕食され，その消化管に適応した可能性は十分に考えられる．

c.　トリパノソーマ・イブの子孫たち

蚊の消化管に寄生するようになったトリパノソーマ・イブから，子孫はどのようにして他の宿主に移り住むようになったのだろうか．次のような進化のシナリオが考えられる．

1）昆虫から昆虫への移行

昆虫を唯一の宿主とするトリパノソーマは，消化管から糞便に混ざって排出される際に，シストという殻に覆われた形態をとる．シストは乾燥にも強く，昆虫の糞便に潜むトリパノソーマのシストを他の昆虫が経口摂取することで感染が成立する．このような伝播方法の延長線として，蚊から他の昆虫種への移行が成立

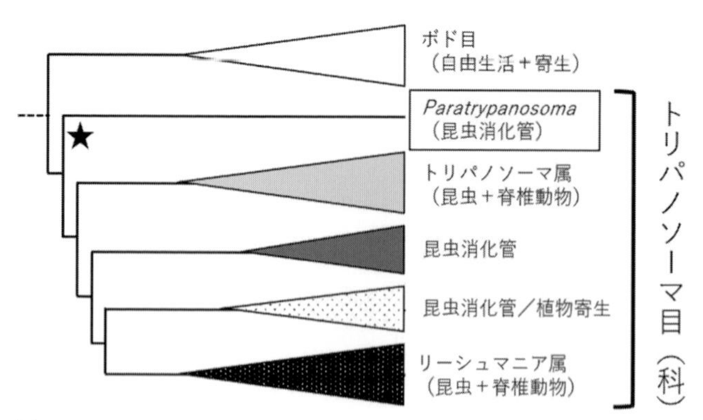

図2.41　リボソーム小サブユニットRNAの塩基配列を用いたキネトプラスト綱の分子系統樹（Flegontov *et al.*, 2013を改変）
昆虫消化管寄生性の*Paratrypanosoma*がトリパノソーマ科（目）の最も初期に分岐する（★）．

したのだろう．吸血昆虫以外のトリパノソーマの昆虫宿主としては，ハチやハエが知られている．

2）昆虫から脊椎動物への移行

宿主移行の初期には，消化管で増殖し，尿（糞便）から排出されたトリパノソーマが傷口などから侵入したと考えられる．吸血の際に昆虫の唾液を介して伝播される種には唾液腺への侵入能力が必要になるので，これは後になってから獲得したと考える方が自然である．脊椎動物に寄生するトリパノソーマは，昆虫と脊椎動物の間を行き来し，それぞれの宿主体内で発育・増殖する（二宿主性）．

哺乳類寄生のトリパノソーマは，吸血アブなどによって機械的に伝播される場合がある．また，馬同士の性交で感染して媾疫（こうえき）という病気を引き起こす媾疫トリパノソーマ（*T. equiperdum*）は，昆虫宿主を必要としなくなった種である．

魚類のトリパノソーマを伝播する宿主はヒル（蛭）である．いったん陸上の動物に適応したトリパノソーマが，動物も魚も吸血するヒルの仲立ちによって，陸から水中へと住所変更したと考えられる．

このような，本来の宿主から異なる宿主に移行することを「宿主転換」といい，寄生虫の適応進化の中でも重要なイベントとして位置付けられている．

d.　ヒト寄生トリパノソーマの進化

ヒトに寄生するトリパノソーマは，血液中で二分裂で増殖するアフリカトリパノソーマと，細胞内に寄生して増殖するアメリカトリパノソーマの2種類に大別される．

アフリカトリパノソーマは吸血昆虫のツェツェバエによって媒介され，ほぼヒトのみに寄生するガンビア型（*T. brucei gambiense*）と，ウシ科哺乳類を宿主としヒトには偶発的に感染するローデシア型（*T. brucei rhodesiense*）が存在する．ガンビア型は病原性が低く感染が慢性化するのに対し，ローデシア型の感染は致死的である．このような違いには，寄生体と宿主双方の進化，いわゆる「共進化（coevolution）」が大きく関わっている．共進化が進むほど寄生体の宿主は限定され，それに伴って病原性は低くなる傾向がある（ヒトとガンビア型との関係）．一方，ヒトはローデシア型（ウシ科動物に適応している）との付き合いが浅く，原虫を抑え込むことができずに致死的となると考えられる．

アメリカトリパノソーマ（*T. cruzi*）は，多くの種類の哺乳類を宿主とし，北米から南米にかけて広く分布する（図2.42）．アメリカトリパノソーマ症は，発見者のブラジル人，カルロス・シャーガス（C. Chagas）にちなんで，シャーガス

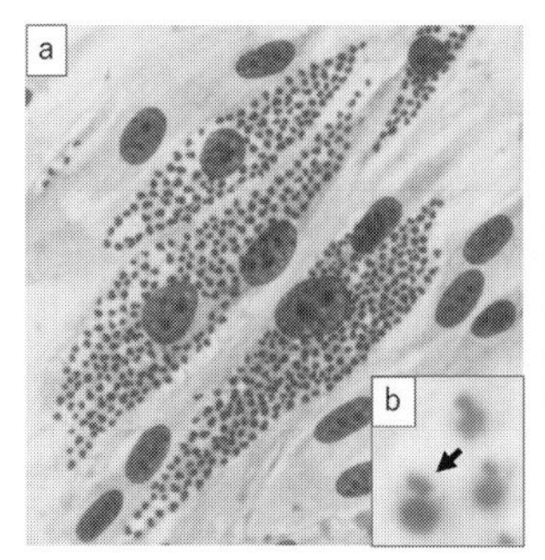

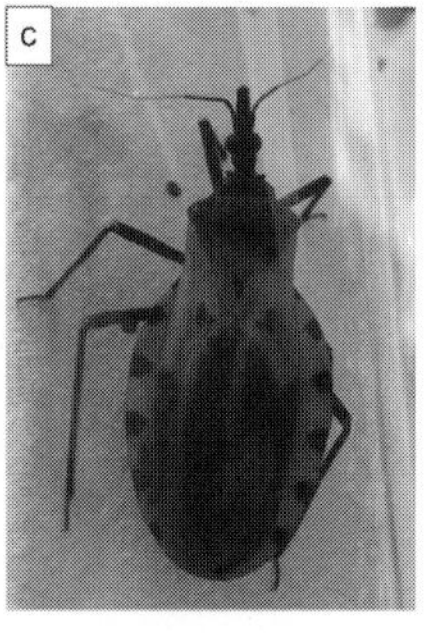

図 2.42 アメリカトリパノソーマ
a）増殖型原虫（amastigote）が多数寄生するヒト線維芽細胞［口絵 17］．b）原虫はキネトプラストと核をもつため，染色によって“ゆきだるま”のように見える．c）媒介昆虫サシガメ（*Triatoma dimidiata*）．

病とも呼ばれる．アメリカトリパノソーマは，吸血昆虫サシガメ（カメムシの一種）の消化管に寄生し，吸血したサシガメは余剰の水分とともに感染型原虫を排泄する．その際，感染型がヒトの傷口から侵入し，細胞に寄生して増殖を開始する．原虫が好んで寄生する臓器は心臓（心筋）と消化管で，シャーガス病の死因の第1位は心不全である．

シャーガス病では，急性の心筋炎を発症して数週間で亡くなる人もいれば，症状も現れず感染していることに何十年も気づかずに生涯を過ごす人もいる．このような病態の多様性はどこからくるのだろうか．人類がアメリカ大陸に移動したのはおよそ1万5000年前と推定されており，進化史的には人類とアメリカトリパノソーマの付き合いは極めて短い．共進化の考えに基づけば，寄生体と宿主の双方の適応が不十分であるため，感染経過もケースバイケースになっている可能性が考えられる．読者のみなさんはどのように考えるだろうか？

e. おわりに

病としてのトリパノソーマ症は，副作用の少ない有効な治療薬がないため，流行地では深刻な疾患として受け止められている．特に，シャーガス病が流行する中南米からは多くの人々がアメリカ合衆国，ヨーロッパ，日本に移り住み，移住先で発症するケースも少なくない（Nara and Miura，2015）．令和となった今現在も，真に有効なトリパノソーマ症治療薬の開発が強く求められている．

〔奈良武司〕

文　献

Flegontov, P. *et al.*：Paratrypanosoma is a novel early-branching trypanosomatid. *Curr. Biol.*, **23** (18), 1787-1793, 2013.
Nara, T. and Miura, S.：Current situation of Chagas disease in non-endemic countries. *Juntendo Med. J.*, **61** (4), 389-395, 2015.

小さな昆虫が運び屋　鼻がなくなる感染症？

2.4.3 リーシュマニア

a. リーシュマニアの生活環

リーシュマニア（*Leishmania* spp.）という寄生虫がいる．この原虫は，ハエ（双翅）目の昆虫であるサシチョウバエ亜科（Phlebotominae, sand fly）のメスの刺咬により，ヒトや他の脊椎動物に感染する．家畜では主に犬，牛，猫などが好適な宿主となり，野生動物での宿主はナマケモノやキンカジューなどの報告もあるが，多くはイヌ科動物およびげっ歯類である．

脊椎動物宿主内でのリーシュマニアは，鞭毛のないアマスティゴート（amastigote）と呼ばれる形態でマクロファージに寄生している．サシチョウバエは感染している宿主を吸血した際，アマスティゴートを含んだ血液をとり込む．サシチョウバエの中腸内でアマスティゴートは鞭毛を有するプロマスティゴート（promastigote）に形態を変化させる（図 2.43）．そして，感染したサシチョウバエが未感染のヒトや動物を吸血する際に，プロマスティゴートが傷口より宿主に侵入し，マクロファージ内でアマスティゴートへと形態変化し生活環が回る（図 2.44）．

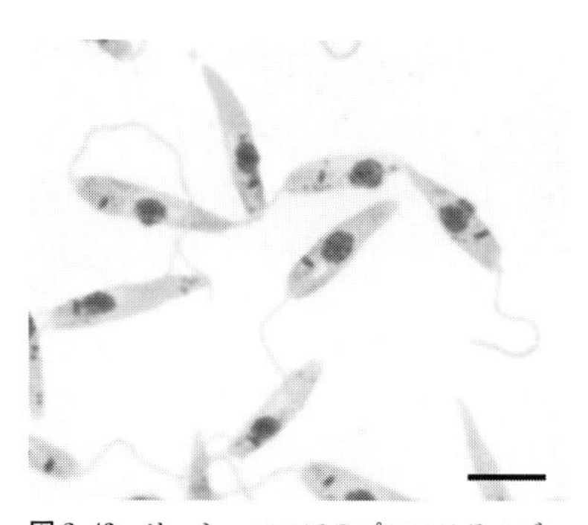

図 2.43　リーシュマニアのプロマスティゴート（ギムザ染色）　Bar：5 μm［口絵 18］

b. リーシュマニア症という病気

リーシュマニアはヒトの体内に侵入し，マクロファージ内のファゴリソソーム内で増殖すると，増殖した原虫でパンパンになったマクロファージを破壊し，まだ感染していない次のマクロファージに寄生する．このように感染マクロファージが増えていくと，リーシュマニア症（Leishmaniasis）という病気を引き起こす．リーシュマニア症は，感染する原虫種によって皮膚型，皮膚粘膜型，内臓型

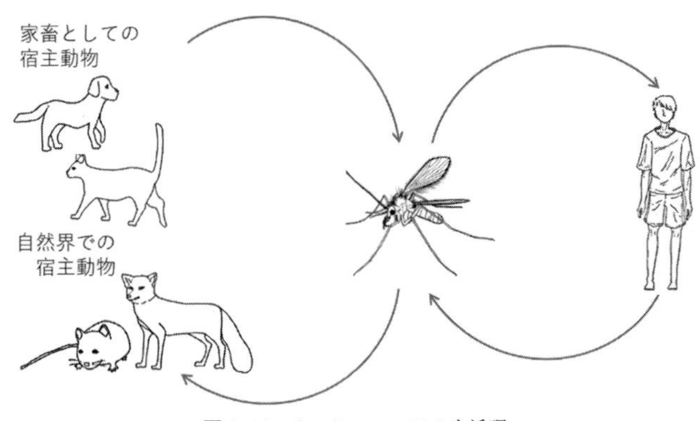

図 2.44　リーシュマニアの生活環

と分けられる．ヒトに感染するリーシュマニアは20種ほど報告があるが，ここでは主役級の原虫種を紹介する．

皮膚型リーシュマニア症は，死に至る病気ではないが，主に大形リーシュマニア（*L. major*）や熱帯リーシュマニア（*L. tropica*）が原因となり，皮膚に潰瘍や結節を生じ，治癒しても一生消えることのない瘢痕を感染部位に残す．サシチョウバエの刺咬により感染するので，顔や手足などの露出部に病変が多く瘢痕は目立つ．皮膚粘膜型は，ブラジルリーシュマニア（*L. braziliensis*）によって引き起こされる．その症状は皮膚型よりひどく，顔では病変が皮膚から粘膜へと広がり，鼻中隔が破壊され鼻の形がなくなってしまう．それだけでも苦痛極まりないが，時に細菌との混合感染を起こし，発熱，体重減少，呼吸障害などを発し死に至る場合もある（吉田・有薗，2016）．内臓型リーシュマニア症の主な症状は，間欠的な発熱，体重減少，肝臓や脾臓の腫大，貧血などであり，治療を施さなければ致死率は高い．病原原虫種は主にドノバンリーシュマニア（*L. donovani*）や幼児リーシュマニア（*L. infantum*）である．後者による内臓型は infant（幼児）が語源であるように，子どもに多い病気である．

まれではあるが，ドノバンリーシュマニアによる皮膚型リーシュマニア症というケースもある．2004年に原因不明の皮膚病変の調査のため筆者はスリランカを訪れたが，遺伝子解析の結果，全症例の病原種はドノバンリーシュマニアであった．ドノバンリーシュマニアによる内臓型が蔓延しているインドのすぐ南に位置するスリランカで，皮膚型が流行していたのは実に興味深いことだった．

ヒト以外の動物では，犬のリーシュマニア症が獣医学上重要である．上記ヒトのリーシュマニア症を引き起こす原虫種が病原体となるが，ヒトの場合とは異なり，大形リーシュマニアのときは皮膚型，ドノバンリーシュマニアのときは内臓型などと区別されることはなく，いずれの原虫種でもさまざまな症状を呈する．かさぶた，潰瘍形成などの皮膚病変，体重減少，貧血，リンパ節腫脹のほか，腎不全，結膜炎，ぶどう膜炎などの眼症状，鼻出血，跛行を伴うこともある．

リーシュマニア症の治療は，発症した地域，患者の健康状態などさまざまな要因により決定されるが，皮膚粘膜型，内臓型ともにリポソーム化アムホテリシンB製剤が主に使用されている．その他，ミルテホシンやスチボグルコン酸ナトリウムも選択薬である．皮膚型リーシュマニアは，原則治療が必要だが自然治癒するケースもある．腫瘤に対するスチボグルコン酸ナトリウムの注射が多くの地域で第一選択薬となっているが，パロモマイシン軟膏やリポソーム化アムホテリシンB製剤が使用される場合もある．先に触れたスリランカでは，液体窒素に浸した綿を患部にあてるという凍結療法を目にした．−180℃の液体を治療とはいえ，皮膚に押し付けられるのは気の毒でならない．リーシュマニア症は開発途上国に多い病気であるから，高価な薬が行き渡らない場合もある．スチボグルコン酸ナトリウムのようなアンチモン剤は嘔吐や心臓への負担など副作用も強く，またリーシュマニアは真核生物のため未だ有効なワクチンがない．そうなると予防が大切になってくるわけだが，上述したように宿主動物が豊富なうえ，地域により伝播方式がさまざまであるから，感染のサイクルを止めるとすれば，サシチョウバエに刺されないことが一番である．

c.　リーシュマニア症の分布

リーシュマニア症の分布はサシチョウバエの分布と重なる．サシチョウバエは2〜3 mmほどの華奢で小さな昆虫ではあるが，南米のジャングルからモンゴルのゴビ砂漠に至るさまざまな環境に適応して生息している．サシチョウバエは生息域が広いためリーシュマニア症患者の分布も広く，世界98か国で報告がある．特に皮膚型は広い地域でみられ，世界保健機関によると，アフガニスタン，アルジェリア，ブラジル，コロンビア，イラン，パキスタン，ペルー，サウジアラビア，シリアからの報

図2.45　日本に生息するサシチョウバエ（写真提供：葛西真治博士）

告が多い．皮膚粘膜型は約90%がボリビア，ブラジル，ペルーからの報告である．内臓型の新規患者報告は90%以上がブラジル，エチオピア，インド，ケニア，ソマリア，スーダン，南スーダンからである．

サシチョウバエは世界で800種ほど知られており，日本にも生息している（図2.45）．800種すべてがリーシュマニア症を媒介するわけではなく，90種ほどが媒介能をもつ．日本に生息する種が媒介種とは考え難いが，毎年ヒトおよび犬の輸入感染症例があることからも，今後の研究は必要である．〔三條場千寿〕

文献

吉田幸雄・有薗直樹：リーシュマニア．図説人体寄生虫学 改訂9版，pp. 44-45，南山堂，2016.
菅沼啓輔・井上 昇：リーシュマニア症．動物寄生虫病学 四訂版（板垣 匡・藤﨑幸藏編），pp. 31-35，朝倉書店，2019.

神話の時代から人類を苦しめる「青銅の蛇」

2.4.4 メジナ虫

a. 名の由来

メジナ虫という寄生虫がいる．釣り好きの間で「磯釣りの王者」ともいわれる魚のメジナとはなんの関係もない．古くはエジプトのパピルス文書にも登場する虫で，学名を *Dracunculus medinensis* という．日本語に訳せば「メジナの小さなドラゴン」．「メジナ」はアラビア半島の聖都市メディナのことで，患者がメディナ地方に多くいたことから，イスラムの医学者イブン＝スィーナ（アヴィケンナ）によってメディナ虫（Medina worm）と名付けられた．属名の「小さなドラゴン」は，全長1mにも達し，患者の皮膚を破って外に出てくるという荒々しい性質をもつので龍に例えたのだろう．ギニア虫（Guinea worm）という別称もあり，これは16世紀に西アフリカのギニア湾にやってきたポルトガル人が付けた名前である．

b. 生活環と症状

メジナ虫には飲み水から感染する．正確には，飲み水に含まれる，メジナ虫に感染したケンミジンコを飲むことで感染する（図2.46）．ヒトを含む終宿主に飲み込まれたメジナ虫の幼虫はケンミジンコから脱出し，腸管から腹腔に出て腹部の筋肉，さらに皮下の結合組織にもぐり込む．感染3ヶ月目までに交尾し，子宮内に幼虫が形成される（卵胎生）．メスは体長70～120cmにも達するがオスは

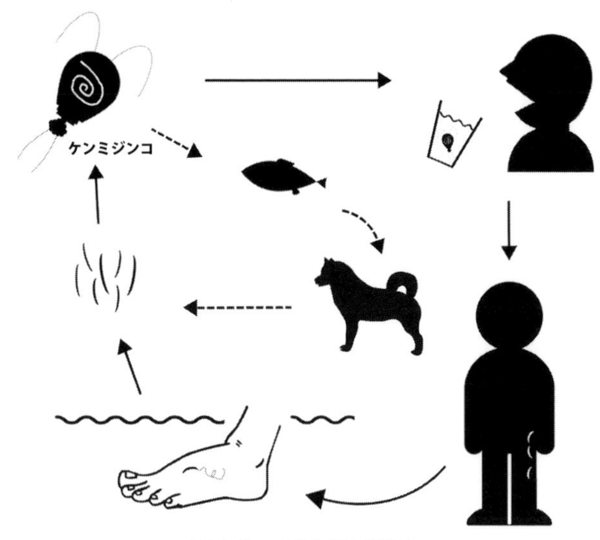

図 2.46　メジナ虫の生活環

40 cm を超えることはなく，早々に死んでしまい滅多に見つからない．

子宮内の幼虫が大きくなってくると母虫は皮膚の浅いところにやって来る．感染して約 1 年後には子宮がぱんぱんに膨れて子宮以外の器官は圧迫され，母虫は幼虫の詰まった袋となり果てる．内圧によって子宮は虫体から飛び出し，破れた子宮からは幼虫が体外に飛び出す．

子宮液には激しい炎症作用があり，母虫が寄生している部位の皮膚には猛烈な痛みをともなう水ぶくれができ，水ぶくれは破れて潰瘍となる．ある人が感染経験者に聞いたところ，「出産より痛かった」という答えが返ってきたという．それは燃えるような灼熱痛であるといい，痛みを鎮めようと患者は水ぶくれのできた部位，多くは足を，川や池の水に浸ける．そしてこれがメジナ虫にとっては思う壺なのである．なぜならば，水に触れると母虫の筋肉は刺激されて収縮し，母虫の一部が皮膚の傷口から飛び出す．と同時に子宮も母虫の体壁を破って外界に直に触れ，膨大な数の幼虫が子宮から放出されるからである．幼虫は水中にばらまかれ，めでたくケンミジンコに感染することができる．

c.　メジナ虫症根絶事業

メジナ虫はもともとはアフリカから西アジア，インドまでの広い範囲に分布していたが，現在はアフリカのチャド，南スーダン，アンゴラのごく限られた地方にしか存在しない．これは住民教育とともに，飲み水を濾過する，あるいは深い井戸を掘るという飲み水対策事業がうまくいったからである．

メジナ虫症根絶事業は，1981年の世界保健機構（WHO）による撲滅の意志表明に始まり，WHOと米国疾病予防管理センター（CDC）などが戦略や技術指針を策定した．1986年にはジミー＝カーター元合衆国大統領が設立したカーター・センターが支援組織となり根絶活動の最前線に立った．患者数は激減し，1980年代には300万人を超えていたのが1990年代後半には10万人を切り，2010年代には1000人，そしてついに100人を切るところまでこぎ着けた（図2.47）．

これで近いうちにメジナ虫は撲滅されると誰もが思ったに違いないが，思わぬ伏兵が現れた．犬である．人間の患者が減る一方で，なぜか犬の感染が増えているのだ．おかげで，2015年までに撲滅という目標は2020年に延期され，その達成ももはや絶望的である．2019年には54人の患者が報告されてしまった．犬がどのようにして感染するのかまだ確定していないが，どうやら川魚を食べて感染するらしい．

d. メジナ虫トリビア

ところで，この寄生虫にまつわる話が2つほどある．1つはアスクレピオスの杖に関するものである．アスクレピオスとはギリシア神話に登場する医の神で，彼が持っている杖をアスクレピオスの杖という．咄嗟にどんなものかわからないかも知れないが，WHOの紋章や救急車のマークに採用されている，ヘビが巻き付いた杖のことである（図2.48）．おそらく誰でも目にしたことがあるだろう．実

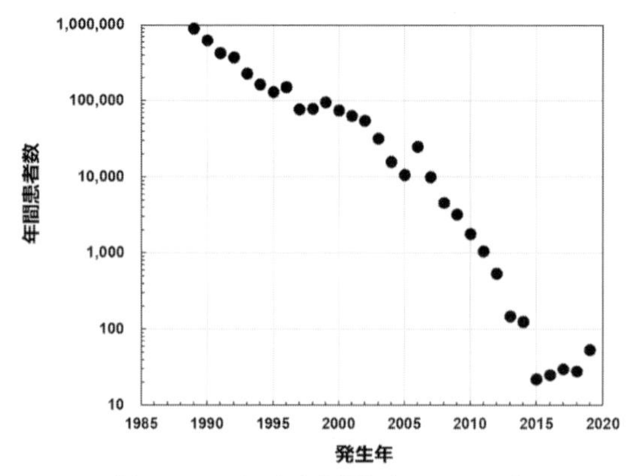

図2.47 メジナ虫症患者数（1989～2019）

図 2.48　アスクレピオスの杖

はこれはヘビではなく，もともとはメジナ虫なのだという説があるのである．

メジナ虫症に有効な薬剤はなく，治療法は，皮膚から出てきたメスをくるくると棒に巻き取って引きずり出す方法がとられる（図 2.49）．虫体全部が皮膚の浅いところにいれば全摘出が可能で，古典古代，おそらくは先史時代から続く由緒正しい治療法である．そして，この棒に巻き付いた長い虫が治療行為全般の象徴となり，さらにヘビ化してギリシア神話と結びついたというわけである．なるほどもっともらしい．

もう１つは旧約聖書に関する話で，神がイスラエルの民に遣わしたヘビが実はメジナ虫だという説である．場面は，イスラエルの民がエジプトを出て荒野を進んでいる時に，あまりの辛さに民が神に文句を言ってしまうところである．

…民が，神とモーセとに対して「なぜ，わたしたちをエジプトから導き上ったのですか．この荒野で死なせるためですか．パンも水もなく，私たちは，この粗悪な食物が嫌にな

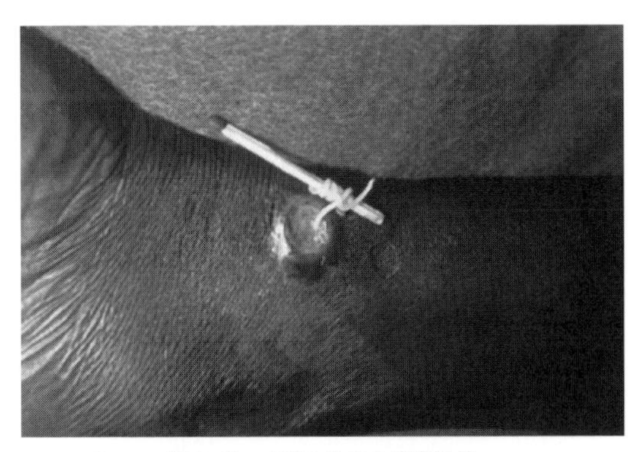

図 2.49　メジナ虫症の治療風景

りました」と批難したので，主は民に対して炎の蛇を送られた．これらの蛇は民をかみ，イスラエルの民のうち，多くの者が死んだ．…

——民数記第21章（聖書協会共同訳，2018年）

例によって旧約の神は厳しい．それはともかく，ここにいう「炎の蛇」が，火のような痛みをもたらすメジナ虫というわけである．そして，水のない荒野で民が倒れたというのも，実はメジナ虫症として理屈に合う．メジナ虫はケンミジンコと終宿主の間で生活環が成立しているので，水量豊かな大河のほとりでは生活環は回りにくい．仮に幼虫が水中に放出されてもすぐに下流に流されるからである．一方，大きな川や湖のない，半分干上がりかかった沼しかないような所では，その場所に水を求めて患者を含めてみなが集まるので，ケンミジンコが感染しやすく，その水をそのまま飲用にもちいて感染する．かくて，エジプトから出てきた民は水の乏しい荒野でメジナ虫に感染したというわけだ．

そして続く場面では，悔い改めた民がモーセに泣きつき，モーセは神に取りなす．神は「あなたは炎の蛇を造り，竿の先に掛けなさい．蛇にかまれた人は誰でも，それを見れば，生き延びることができる．」とモーセに伝えた．モーセは青銅の蛇を造って竿の先に掛け，蛇にかまれた人が青銅の蛇を仰ぎ見るようにしたら，みな生き延びたという．ここで，竿に掛けられた蛇はアスクレピオスの杖に似て治療行為の図像化にみえる．しかもこの後の展開では，民は川べりに宿営し，神が与えた井戸に到達することになったという．ここでついに民はメジナ虫症のリスクから解放された．「青銅の蛇（炎の蛇）＝メジナ虫説」は，なるほどよくできている．

〔丸山治彦〕

文　献

Callaway, E.：Dogs thwart effort to eradicate Guinea worm. *Nature*, **529**（7584）, 10–11, 2016.

Galán-Puchades, M. T.：WHO delays guinea-worm disease eradication to 2020：Are dogs the sole culprits?. *Lancet Infect. Dis.*, **17**（11）, 1124–1125, 2017.

Hopkins, D. R. *et al.*：Dracunculiasis Eradication:：Are We There Yet? *Am. J. Trop. Med. Hyg.*, **99**（2）, 388–395, 2018.

Larry, S. Roberts., *et al.*：Chapter 30：Nematodes：Dracunculoidea, Guinea Worms and Others. *Foundations of Parasitology 9th ed*, McGraw-Hill Publishing Company, pp. 458–462, 2013.

The Lancet：Guinea worm disease eradication：A moving target. *Lancet*, **393**（10178）,

1261, 2019.
WHO：Fact sheets Dracunculiasis（guinea-worm disease）, 16 March 2020.（(https://www.who.int/news-room/fact-sheets/detail/dracunculiasis-（guinea-worm-disease））

暑さと貧しさが原因　世界の果てで起きていることとして済ませてもいいのか？

2.4.5　顧みられない熱帯病（NTDs）

顧みられない熱帯病（NTDs：neglected tropical diseases）について話す前に，今の世界における感染症のインパクトについて考えてみよう．

2011 年，全世界の人口は 70 億人を突破し，現在では 77 億人を超えたと推定されている．WHO によると，2015 年の全世界の死亡者数は推計 5640 万人を数えたそうだ．非感染性疾患（NCDs：non-communicable diseases）を原因とする死亡が 4000 万人と全死亡の 70％を占め，心血管障害で 1500 万人，がんで 820 万人，慢性呼吸器疾患で 320 万人，糖尿病で 160 万人，また交通事故傷害では 130 万人が亡くなっている．

一方，感染性疾患（CDs：communicable diseases）のインパクトも開発途上国を中心として依然として大きい．感染症の原因となる微生物は，ヒトを含む動物，水，土壌，大気などの環境中に存在し，伝染性の病気を蔓延させる．下気道感染症で 320 万人，下痢性疾患で 140 万人，結核で 140 万人，エイズで 110 万人，マラリアで 44 万人が 1 年間で亡くなっている．

2018 年，5 歳の誕生日を迎えずに命を落とした子供は 530 万人を数えたという．1990 年には 1270 万人，2007 年には 920 万人だったため，この 25 年の間に半減したものの，この死亡数は今でも極めて大きい．5 歳未満の子どもたちの死亡原因は，周産期から新生児・乳児期までの各種リスクに加えて，呼吸器感染症，下痢性疾患などが挙げられ，また特にアフリカではマラリアによる死亡があとに続いている．子どもにとっては，感染症やその予後を左右する栄養不良状態が大きなリスクとなっている．

病原性の高い感染症との遭遇は，今までも時に大きな流行を引き起こし，人々に甚大な犠牲をもたらしてきた．結核は古くから人類と共にある感染症であるが，大流行して大きな社会問題となるのは，イギリスで産業革命が起こり，都市化による人口の集中が始まって以降だといわれている．近年ではグローバル化に伴い，世界は致死性の高い新興・再興感染症（emerging and re-emerging diseases）の脅威に晒されている．2013 年末にギニアで始まったエボラ出血熱の大流行（アウトブレイク）では，3か国で11300人を超える人々が亡くなり（致死率30%），感染者は北米などへも拡散した．産業革命以降の結核の大流行や，COVID-19に代表される現代のグローバル化によるパンデミックの発生は，まさに時代を映し出す鏡のような存在なのかもしれない．

「いかなる時代もその時代特有の病気を生み出すが，それはその時代が生み出した他のすべてのものと同様，その時代の相貌のひとつとなる」

——E. フリーデル

a. 「顧みられない」熱帯病

ヒトの感染症はヒトからヒトへ，もしくはヒトと動物との間で伝播していく．熱帯の複雑な生態系は，その複雑さ故に感染症の原因となる病原体維持の温床となってきた．つまり熱帯には病原体と宿主，無発症キャリアや病原体を伝播するベクターなど「疾病の維持，伝播，流行に必要なすべての役者」が揃っているのだ．そして特に貧困に喘ぐ熱帯地域では，医療や文化などの社会環境が加わり，感染症が猛威をふるい続けることを可能にしてきた．

熱帯感染症の多くは，「顧みられない熱帯病」と呼ばれている．なぜ「顧みられない」のかというと，おそらく患者の大部分が先進国ではなく途上国に生きる貧しい人々であるからだろう．もしもNTDsが日本で伝播していたら，われわれは官民産学を挙げて可能な限りの包括的な対策を講じるだろう．そう考えると，「顧みられない」のは実は病気自体ではなく，これら熱帯病に罹患する人々であることがわかる．そして，彼らは総じて貧しいのである．では一体誰が顧みていないのだろうか．NTDsの研究では利潤を得られない製薬企業かもしれないし，先進国の政府，熱帯病が蔓延する国の富裕層，あるいはNTDsに罹る可能性が極めて小さいわれわれかもしれない．逆にいうと，絶えず関心をもつことがNTDs克服のポイントになるのではないだろうか．

またNTDsによる死亡者数が相対的に少ないことも，顧みられない理由の1つに挙げられる．しかし，それははたして適切な対応なのかどうか，そのあたりについても考えてみよう．

WHOが挙げているNTDs 20疾患のうち，12疾患は寄生虫による（表2.1）．土壌伝播線虫の場合，回虫は8億人に，鉤虫（こうちゅう）は5.8億人に，鞭虫（べんちゅう）は6億人に感染して住民の栄養を搾取している．カ媒介性のリンパ系フィラリア症には1億2000

表 2.1 顧みられない熱帯病（NTDs）

	病　名	病原体	治療や予防の手段	ベクターや中間宿主が存在	感染者数
1	デング熱	ウ		○	3 億 9,000 万人
2	狂犬病	ウ	○		< 10 万人
3	ハンセン病	菌	○		20 万人
4	ブルーリ潰瘍（*Mycobacterium ulcerans* による皮膚潰瘍）	菌			< 3,000 人
5	アフリカトリパノソーマ症	原		○	< 10 万人
6	シャーガス病	原		○	600-700 万人
7	リーシュマニア症	原		○	1,200 万人
8	メジナ虫症	蠕	○	○	< 100 人
9	リンパ系フィラリア症	蠕	○	○	5,600 万人
10	オンコセルカ症	蠕	○	○	2,100 万人
11	土壌伝播蠕虫症	蠕	○		15 億人
12	食物による吸虫感染症（肝蛭症 / 吸虫症など）	蠕	○	○	4,000 万人
13	住血吸虫症	蠕	○	○	2 億 3,000 万人
14	有鉤嚢虫症	蠕		○	550 万人
15	エキノコックス症（包虫症）	蠕		○	> 100 万人
16	トラコーマ（クラミジアによる急性および慢性角結膜炎）	菌	○		9,000 万人
17	イチゴ腫（Yaws，熱帯性非性病性スピロヘータ症）	菌	○		8 万人
18	マイセトーマ（真菌性および細菌性の菌腫）	真／菌			不明
19	疥癬や他の（ダニ・ノミ・シラミなどの）外部寄生虫感染症	節			不明
20	毒ヘビ咬傷	他			270 万人

WHO は NTDs として 20 疾患を挙げている．それらのうちの半数以上（5 ～ 15 および 19）は寄生虫感染症である．
ウ：ウイルス性疾患，菌：細菌性疾患，原：原虫性疾患，蠕：蠕虫性疾患，真：真菌性疾患，節：節足動物性疾患，他：その他．

万人が，ブユ媒介性のオンコセルカ症（河川盲目症）には 3700 万人が，かつて日本にも流行していた住血吸虫症には 2 億 3000 万人が罹患している．そのような視点から見ると，我々が生きる世界は 21 世紀になっても依然として「虫だらけの世界（This wormy world）」といえる（2.4.6 項）．NTDs には，2014 年に東京の代々木公園を中心に国内流行したデングウイルス感染症や狂犬病などのウイルス性疾患，ハンセン病やブルーリ潰瘍などの抗酸菌疾患，トラコーマやイチゴ腫などクラミジアやスピロヘータによる疾患も包含されている．

NTDs の多くは貧困とともに蔓延しているので，貧困関連疾患（PRDs：

poverty-related diseases）とも呼ばれる．貧困に由来する劣悪な生活環境が病原体伝播の土壌を醸成して，NTDs 罹患の危険性を増す．NTDs は慢性の経過をたどり，勤労意欲を失わせたり機能障害を引き起こしたりする．たとえば，リンパ系フィラリア症では象皮病や陰嚢水腫など偏見の対象となる皮膚病変，河川盲目症では失明などの機能障害（図 2.50）や間断なく続く掻痒（そうよう）などを引き起こす．これらの疾患を直接の原因として死亡することは極めてまれであるが，言い換えれば，患者は熱帯の僻地で保健・医療サービスがない不遇な状態におかれ「生きて病苦を経験する」ことになる．その過酷さは読者の想像を絶するものだろう．

図 2.50 河川盲目症
ナイジェリアの男性，両眼共に角膜全域の混濁が著明で前房は透視不能．オンコセルカ症ではこれら前眼部に加えて，網脈絡膜萎縮や視神経萎縮など後眼部の障害も引き起こされる（写真提供：吉田定信医師）．

これら NTDs による病苦や機能障害は，労働力や生産性の低下に繋がり，貧困をなお一層増強する．まさに NTDs と貧困の負の連鎖であり，個人・家族やそれを抱えるコミュニティの負担は甚大で，地域や国が疲弊していく一因ともなる．そのような悪循環を断ち切るためにも，寄生虫を含めた感染症への国際的な対策が喫緊の課題である．貧困は世界各地で頻発する紛争やテロの土壌でもあり，NTDs の克服によって人々の健康を取り戻せるだけでなく，国際社会の最大の課題の１つでもある極度の貧困からの脱却に貢献する可能性もある．NTDs は，顧みるだけの重要性をもっているのである！

b. NTDs のコントロール

寄生虫感染は中間宿主やベクターを介して伝播されるものが多いので（表 2.1），それらは寄生虫防圧プログラムを遂行する際の格好の標的となる．2014 年，代々木公園を中心に 108 人のデング熱国内感染患者が報告された際，東京都はカの駆除を中心に据えた対策を実施し，翌年以降の感染伝播の制御に成功した．

一方で，NTDs が蔓延する広大な大陸の場合は，環境問題，薬剤耐性ベクターの出現，費用対効果などを考慮すると，流行域に住む人々をターゲットにした集団治療，感染伝播予防も非常に重要である．その際，寄生虫は人間と同じ真核生物なので，原核生物である細菌を標的にした抗生物質は効果がない．さらに，ヒトに使用可能な寄生虫に対するワクチンは未だ流通していないという事実を再認識したい．

日本はかつて，バンクロフト糸状虫によるリンパ系フィラリア症の浸淫地であったが，ジエチルカルバマジン（DEC：diethylcarbamazine）という抗寄生虫薬を用いた選択的治療（確定診断＋治療）で制圧に成功した．その成功経験は，WHO を中心としたリンパ系フィラリア症の撲滅計画（GPELF：global programme to eliminate lymphatic filariasis）ならびに河川盲目症の撲滅計画に反映されている．イベルメクチン（ivermectin）は，北里大学特別栄誉教授である大村智博士らが見出した放線菌 *Streptomyces avermectinius* 由来の天然物を改良したもので，メルク社から WHO を通して感染地の住人に無償供与され続けている．

ただし，一般に選択的治療では診断にかかる人件費や各種コストは莫大なものになる．幸いイベルメクチンは優れた薬剤であり，健常人に投与した際の副作用がないか，あっても極めて小さいという特性があった．それで検査に必要とされる人的・財政的な負担をカットし，診断感度の問題もクリアできる年 1 回の全住民を対象とした集団薬剤投与（MDA：mass drug administration）に用いられたのである．MDA によってカやブユなどベクターへの感染源となるヒト体内のミクロフィラリア（仔虫）を殺し，リンパ系フィラリア症や河川盲目症の制圧に大きく貢献したばかりか，河川盲目症の場合はミクロフィラリアに起因する病態の改善にも貢献した．このように人類の衛生環境の向上に大きな役割を果たすイベルメクチン開発への貢献により，大村智博士はウィリアム・キャンベル博士と共に 2015 年のノーベル生理学・医学賞を受賞した．

もう 1 つ例を挙げよう．2.2.4 項に述べたようにかつてわが国には日本住血吸虫症という風土病があった．皮膚炎からはじまり重症化すると肝硬変などを引き起こし死に至る場合もある．この病気の原因である日本住血吸虫はヒトをはじめとした終宿主だけでは生活環が成り立たず，必ず中間宿主であるミヤイリガイを必要とする．日本は戦後，ミヤイリガイの生息する水路，河川敷や水田を人工的に改変し，徹底的にミヤイリガイを駆除することによって，特効薬プラジカンテルの出現以前に同症の伝播を断ち切った．しかし，このような対策は開発途上国や広大な大陸では実現困難であり，現在においてもなお世界は相変わらず住血吸虫症による重荷に喘いでいる（表 2.1）．

c.　薬剤やワクチンに依存したトップダウン型対策の限界

これらのトップダウン型対策の成功はフィラリアや住血吸虫固有の伝播特性に依存しており，そのままの戦略をマラリアやデング熱など他の熱帯感染症の制御に用いることはできない．アルテミシニンを用いた併用療法（ACT）の導入によって，マラリアによる死亡数は劇的に減じたのだが，感染者は未だに2億人を超え，その8割以上がアフリカ大陸で発生している．住血吸虫症は先に述べた通り，1970年代後半に日本では根絶されたが，特効薬であるプラジカンテルの出現以降も世界中で蔓延し続け，患者はやはり2億人以上と推定されている．

コッホや北里柴三郎らの発見から始まる近代医学の発展により，さまざまな感染症の原因となる病原体とその感染経路が明らかにされ，診断技術および抗菌剤やワクチンによる治療・予防法が開発されたことで，人類は感染症との闘いに勝利したと考えられた時期もあった．ところが現実には21世紀においてもなお人類は感染症の脅威にさらされ続けており，従来型のトップダウン型の熱帯医学や国際保健からのアプローチはその限界を露呈している．NTDsの中には特効薬の存在しないものも多く，また既存の薬剤には薬剤耐性病原体の出現や重篤な副作用など憂慮すべき点も多い．多様な熱帯感染症の伝播制御には，新規の診断法，薬剤やワクチンの開発を目指した積極的な取り組みが不可欠であることはもとより，地域住民を中心に据えたボトムアップ型の多角的・統合的なアプローチが重要であり，それらを可能とする学術基盤の構築が求められている．〔濱野真二郎〕

文　献

ピーター，J．ホッテズ：顧みられない熱帯病―グローバルヘルスへの挑戦，東京大学出版会，2015．

北　潔編：グローバル感染症最前線―NTDsの先へ．別冊医学のあゆみ，医歯薬出版，2017．

Column 12　新興・再興感染症

寄生虫の中には一度滅ぼされかけたにもかかわらず，そこから蘇り，再び人類にとって大きな問題として復活したものや，今まで病気を起こすことが知られておらず，21世紀になって初めて病原寄生虫の仲間入りをしたものがいる．たとえば，妊娠中に感染することにより胎児の脳や目に重篤な症状を引き起こす先天性トキソプラズマ症という感染症（2.1.4項）は，約35年前の1985年には日本からほぼなくなり，日本が克服した寄生虫症のひとつになると思われていた．ところがトキソプラズマはその後ひっそりと増え続け，2008年の調査では年間数百例もの先天性トキソプラズマ症が発生している可能性が示されたのだ．つまり一度は撲滅寸前だったこの病気は，わずか25年間で数百倍に増えていたことが判明したのである．このような感染症のことを，再び興った感染症，つまり再興感染症と呼び，このような寄生虫症のことを再興寄生虫症と呼んでいる．

また，2000年代に関係者の間で話題になっていた，西日本を中心として多発していた「謎の食中毒」の原因として，ヒラメに寄生するナナホシクドア（*Kudoa septempunctata*, *Column* 2）や馬刺しから感染するフェイヤー肉胞子虫（*Sarcocystis fayeri*）が，ヒトに病気を起こす寄生虫として日本人の手によって発見された．このような感染症のことは，新しく興った感染症，つまり新興感染症と呼ばれ，そしてこのような寄生虫症のことは新興寄生虫症と呼ばれる．科学が発達した現代の日本にも，まだ誰にも知られていない病原寄生虫が，あなたのそばにひっそりと生息しているかもしれないのだ．〔永宗喜三郎〕

Column 13　寄生虫とノーベル賞・イグ・ノーベル賞

寄生虫学分野の研究に対してはこれまで6回のノーベル生理学・医学賞が授与されているが，特にマラリア関連が多い．R. ロス（英）はハマダラカがマラリアを媒介することを発見し1902年に，C.L.A. ラブラン（仏）はマラリア病原体の発見により1907年に本賞を受賞している．それまでマラリアは沼地の「悪い空気（malaria）」が原因だと思われていたので，彼らの功績は大きい．一方，J. ワグナー＝ヤウレック（オーストリア）は，梅毒スピロヘータによる脳疾患の末期患者に三日熱マラリア患者の血液を注射して高熱を誘発し，脳内にいる病原体を殺滅するという荒療治を開発し，1927年に受賞した（その後，抗生物質が発見され現在は行われない）．P.H. ミュラーはDDT（dichloro-diphenyl-trichloroethane）という化学物質が節足動物に対して強い毒作用をもつことを発見し，マラリア媒介蚊にも絶大な効果を発揮したことから1948年に受賞した．その後長らく寄生虫学関連の受賞者は現れなかったが，2015年，マラリア特効薬アルテミシニンの開発で屠呦呦（トゥー・ユーユー）（中国）に，抗寄生虫薬イベルメクチンの開発で大村智（日本）とW.C. キャンベル（米）に本賞が授与された．

一方，イグ・ノーベル賞（ノーベル賞のパロディ）を授与された寄生虫関連の研究も幾つかある．B. ノルズ（オランダ）は，マラリアを媒介するガンビアハマダラカのメスが人間の足のにおいとリンバーガーの両方に惹きつけられることを証明し，

2006年に生物学賞を受賞した．ちなみに，リンバーガーは世界有数の臭さで知られるベルギー原産のチーズで，足のにおいよりはるかに臭い．また，J. フレグル（チェコ）は，トキソプラズマに感染したヒトに，危険を恐れなくなったり反応が鈍くなったりするなどの変化が起こることを発見し，この原虫がヒトの脳を操る仕組みを解析して2014年に公衆衛生賞を得ている． 〔小林富美惠〕

日本も主要なプレイヤー！「この虫だらけの世界」への果てなき挑戦

2.4.6 国際協力と寄生虫症

「ああ，この虫だらけの世界！（This wormy world!）」――1947年，ロックフェラー医学研究センターのストール（N. Stoll）博士は，世界に蔓延する寄生虫の実態をこう表現して嘆いた．それから70年余り経った今，先進国では多くの寄生虫が姿を消し，寄生虫症も激減した．しかし世界全体を見渡すと，開発途上国を中心に，回虫，鞭虫，鉤虫などの土壌伝播寄生虫の感染者数は15億人を超え，感染した子どもたちは発達障害や認知機能障害に苦しんでいる．また，マラリアや住血吸虫症の感染者数はそれぞれ2億人を数え，マラリアでは年間40万人以上の命が奪われている（WHO, 2018）．さらに，リンパ系フィラリア症に関しては流行地に住む約9億人が予防薬を必要としている（WHO, 2019）．世界はまだ「虫だらけ」なのだ．

第二次大戦後の1949年には，日本国民の約7割が回虫，鉤虫，鞭虫，日本住血吸虫などの寄生虫卵を保有していた．しかし，戦後の経済発展による生活水準・環境衛生の向上，合成肥料や薬剤の開発・普及，そして行政や民間機関による全国規模の徹底した寄生虫検査と集団駆虫などにより，わが国は多くの寄生虫症の制圧に成功した．特に，日本が世界に先駆けて選択的集団治療や衛生環境の向上に取り組み，日本住血吸虫症やリンパ系フィラリア症の根絶に成功したことは世界の注目を集めており，現在その経験と実績が顧みられない熱帯病（NTDs）制圧プログラムの策定に活かされている．わが国は今，地球規模での寄生虫症制圧に向けて，その旗頭となっているといってよいだろう．その先駆けとなったのが，「橋本イニシアチブ」である．

1997年にデンバーで開催された主要国首脳会議・G8サミットで，橋本龍太郎首相（当時）は寄生虫症に対する国際的取り組みの重要性を訴え，日本の寄生虫対策の成果を開発途上国の予防対策に役立てることを提案した．翌1998年のバーミンガムサミットでは，橋本首相の提言が「感染症及び寄生虫症に関する相互協力を強化し，この分野における WHO の努力を支援すること」としてサミットの共同声明文に盛り込まれた．この国際寄生虫対策構想を「橋本イニシアチブ」と呼ぶ．これを受け，独立行政法人国際協力機構（JICA）を通して，アジアに 1 ヶ所（タイのマヒドン大学），アフリカに 2 ヶ所（ケニアのケニア中央医学研究所とガーナの野口記念研究所）の国際寄生虫対策の拠点 Centres of International Parasite Control（CIPACs）が開設され，開発途上国における人材開発プロジェクトを中心とした寄生虫対策が拠点周辺諸国を含めて展開された（図 2.51）．

さらに 2000 年の G8 九州・沖縄サミットでは，橋本イニシアチブの成功を受けて感染症対策が主要議題となり，「世界エイズ・結核・マラリア対策基金（グローバルファンド）」設立の発端となった．これまで日本は累計 34 億 6891 万ドルを拠出し（2020 年 3 月現在），国際社会全体からは総額約 516 億ドルが集まり，開発途上国のマラリア対策支援の 65%（2019）を占める重要な資金源となっている．グローバルファンドで配られた蚊帳の数は年間 1 億 3100 万張（2018）にものぼった．

一方，2013 年には公益社団法人グローバルヘルス技術振興基金（GHIT ファンド：Global Health Innovative Technology Fund）が，「開発途上国に蔓延する感染症という困難な課題に国際的連携をもって取り組むこと」を目的として設立された．GHIT ファンドは設立以来，官（外務省・厚生労働省等）・民（製薬企業，ビル＆メリンダ・ゲイツ財団等）の共同出資のもと，住血吸虫症，リンパ系フィラリア症，トリパノソーマ症，リーシュマニア症などの NTDs や，主要感染症で

図 2.51　学校保健を基盤とした寄生虫対策（タイでの防蚊対策教育キャンペーン風景）

あるマラリア，結核に対する治療薬・ワクチン・診断薬の研究開発に，91件のプロジェクトに対して209億円の助成金を交付している（2020年3月時点）．

寄生虫症の蔓延は，グローバル化した今の国際社会全体を未だに脅かしており，決して開発途上国だけの問題ではない．寄生虫症制圧は国境を越えた地球規模課題であり，世界各国が一致団結して取り組む必要がある．科学・技術立国であるわが国は，今こそ積極的にこの課題解決に貢献していくべきだ．

〔狩野繁之・小林富美惠〕

文　献

狩野繁之：マラリア．国際保健医療学第3版（日本国際保健医療学会編），pp. 170–174，杏林書院，2013.

WHO：*World Malaria Report 2018*, Geneva.（https://apps.who.int/iris/bitstream/handle/10665/275867/9789241565653-eng.pdf）

WHO：*Lymphatic filariasis*, 2019.（https://www.who.int/news-room/fact-sheets/detail/lymphatic-filariasis）

嫌われ者でもバカにするな　実はみんなの役に立つ……のかもしれない

2.5　役に立つ（ことになるかもしれない）寄生虫

ここまで読んできたみなさんは，寄生虫はどちらかというとヒトに危害を与える人類の敵というイメージをもたれたかもしれない．しかし，寄生虫の中には人類の役に立つ（ことになるかもしれない）ものも存在する．ここではその例をいくつか挙げて，寄生虫と人類の関係の深さについて考えてみたい．

2.5.1　ダイエット薬としての寄生虫

役に立つかもしれない寄生虫という話題で一番有名なのはサナダムシだろう．みなさんもサナダムシを飲んで体の中で飼うことによってダイエットするという話を聞いたことがあるのではないだろうか．とても有名でみんなが知っているようなハリウッド女優がこの方法でダイエットに成功しただとか，日本の寄生虫学者が実際に10年以上体内で飼っていたというような話だ．ハリウッド女優に関しては真偽の程は定かではないが，日本の寄生虫学者については筆者も実際に直接聞いたので間違いないだろう．彼が言うところのサナダムシの効能は2つであり，

1つはサナダムシがヒトの腸管内で栄養を横取りすることによるダイエット効果，もう1つはヒトの免疫機能がサナダムシを攻撃することによりアレルギーや自己免疫など余計なところを攻撃する暇がなくなるのではないかという免疫効果だ（藤田，1999）．

まずはダイエット効果について考えてみよう．実のところ，サナダムシに感染するとたしかに症状として食欲不振や体重減少が現れることがあるので，そういう意味でのダイエット効果は期待できるだろう．ただし，サナダムシの種類や数によっては体重減少の症状が出ないことも考えられるし，逆に悪性の貧血を引き起こすこともあるので注意が必要だ．筆者は試したことがないので正確なところはわからないのだが，おそらく効率的に体重減少を引き起こし，なおかつ貧血などの副作用を抑え，効果を長時間持続させることはかなり難しいのではないかと考えていて，正直あまりおすすめしない．

しかし，最近寄生虫とダイエットに関する新しい可能性を感じさせる研究成果が報告された（Shimokawa *et al.*，2019）．ある種の線虫に感染したマウスは，感染していないマウスに比べて食事量は変わらない一方で体重の増加が抑えられ，血中の中性脂肪や遊離脂肪酸量も低下していたのだそうだ．この線虫感染マウスを細かく解析した結果，「闘争か逃走か（fight or flight）ホルモン」と呼ばれヒトや動物を興奮状態にする作用をもつノルエピネフリンという物質の量が増加していることがわかった．さらに調べると感染マウスは，線虫の感染により腸内細菌の組成が変化し，ノルエピネフリンが増加しやすくなっていたことがわかった．以上の結果から，ある種の線虫が感染したマウスは，感染により腸内の細菌の組成が変わりノルエピネフリン量が増えることで興奮状態となり，脂肪燃焼が促進するという可能性が考えられた．この話はあくまである種の線虫とマウスの間での解析であり，それがヒトにどこまで応用できるのか，またこの特定の線虫以外の寄生虫にどこまで当てはまるのかは現段階ではわからない．しかし，このように寄生虫と宿主との相互作用を解析していけば，寄生虫のダイエット効果について科学的に説明でき，その結果，将来的には寄生虫自体を使わずにたとえば薬やサプリメントのような形で同様な効果を期待できるようになるかもしれない．

2.5.2 免疫機能調節薬としての寄生虫

サナダムシの抗アレルギー効果についてはどうだろうか．第1章で述べたように，人類が寄生虫症を克服してきたために，本来は寄生虫を攻撃するために進化させてきた一部の免疫機能が攻撃する標的を失ってしまい，自分自身や花粉・ホコリなどに対して過剰に攻撃してしまいアレルギー症状（自己免疫疾患や花粉症など）を引き起こすようになってきたのではないか，清潔すぎる日本人のライフスタイルこそが自己免疫疾患や花粉症を引き起こしてきたのだという，「衛生仮説」という考え方がある．サナダムシの抗アレルギー効果というのは，清潔すぎる環境をリセットするためにあえて自分の腸内でサナダムシを飼うという発想である．これも筆者としては副作用の可能性という面でおすすめできないのであるが，科学技術の進歩はこの発想をも取り込んで発展している．

みなさんはクローン病という病気をご存じだろうか．大腸や小腸の腸管壁に炎症がおきることにより糜爛（びらん）や潰瘍ができるという病気だ．糜爛というのは腸管の粘膜が傷ついた状態のことで，さらに病状が悪化して粘膜の下の組織がむき出しになった状態のことを潰瘍という．この病気の原因について詳しいことはいまだ不明なのであるが，自分の免疫機能が自分自身を攻撃する「自己免疫疾患」であるという可能性が疑われている．そしてそこで衛生仮説の出番だ．この領域では豚鞭虫（*Trichuris suis*）という寄生虫が主に使われている．豚鞭虫は本来豚やイノシシの寄生虫であり，そのためヒトに対する病原性は基本的に無視できるレベルで，数週間程度の寄生の後自然に体外に排出される．この性質を利用し，豚鞭虫の虫卵を飲んで自己免疫疾患の治療に利用しようという発想に基づいた臨床研究が進められている．中でも特に進んでいるのがクローン病やよく似た疾患である潰瘍性大腸炎であり，アメリカ合衆国やヨーロッパ，そしてここ日本でも臨床試験が進められている．もうしばらくすると寄生虫卵によって難治性疾患が克服される日が来るのかもしれない．

2.5.3 がん治療薬としての寄生虫

寄生虫によってがんを治療しようという動きもあり，この分野で使われようとしているのが単細胞の寄生虫，トキソプラズマだ．哺乳動物の免疫系は大きく分けて細胞性免疫と液性免疫というふたつの機能に分けられる．細胞性免疫というのは簡単にいうと自分でないもの，異物を食べて排除しようという仕組み，液性免疫というのは異物を抗体による攻撃で排除しようという仕組みのことだ．そして通常の場合，身体の中での免疫というのはこれらのどちらかのみが働いているのではなく，あるときは細胞性性免疫が優位に，また別の時には液性免疫が優位にと，排除すべき異物の種類に応じて両方がバランスを保ちながら働いているのだ．もし免疫に興味があり，もっと詳しく知りたい人がいれば専門の入門書を参照してほしい（審良・黒崎，2014）．さて，がんの話である．実はがんは慢性の感染症にかかっている時，つまり病原体との戦いのために免疫系を液性免疫側に傾けて抗体産生に機能を集中させている時に発生しやすいことが明らかになりつつある．これは裏を返せばがんは細胞性免疫系が苦手だということで，つまりがんは抗体によって排除されるのではなく，異物を食べて処理しようとする免疫系を苦手としているのだ．そしてトキソプラズマだが，前に述べた通り（2.1.4項），この寄生虫は人の免疫系を乗っ取って自分の都合のいいように操作することが知られている．そしてこの寄生虫は宿主の免疫系を細胞性免疫の方向，つまりがんが苦手とする免疫の方向に傾ける能力をもっているのだ．さらに最近，試験管の中では増殖することができるが，ヒトやマウスの体内では細胞の中へ侵入するところでストップしてしまい，そこから増殖することができない特別なトキソプラズマが作られた．ヒトやマウスの細胞に侵入したトキソプラズマは宿主の免疫系を細胞性免疫の方向に傾けて増殖を停止する．つまりこの特別なトキソプラズマを使うと，トキソプラズマが増殖することなく，つまりトキソプラズマ症を発症することなくがんの苦手とする免疫系を誘導してもらえるということになる．実際にマウスの実験系ではがんの治療に効果があったようだ．

2.5.4 農薬としての寄生虫

寄生虫は基本的に「感染症」を引き起こす病原体であることが多いため，その応用先として医学分野が多いことは自然な流れであろう．しかし，寄生虫の応用先はもちろん医学分野に限られたものではない．ここではその一例として生物農薬としての応用の例を紹介しよう．寄生虫の宿主には当然さまざまな生物が存在するのだが，ある種の線虫は昆虫を宿主とし，さらに昆虫を殺傷してしまうものもいる．そうした線虫のうちスタイナーネマ属線虫（*Steinernema* spp.）の幼虫が1990年代くらいから農薬として実用化されてきている．コガネムシやゾウムシ，そしてガなど数多くの害虫の防除に使用されるようになってきており，大量培養法もすでに確立され，保存性や安全性にも問題がないとされている．スタイナーネマ属線虫は腸内細菌の一種である *Xenorhabdus* 属細菌と共生関係を有している．スタイナーネマ属線虫が土壌中で宿主である害虫に遭遇すると，線虫は害虫の体内に侵入し，共生細菌を放出する．共生細菌は害虫の免疫機構を免れて増殖し，やがて害虫を死に至らしめる．そう，スタイナーネマ属線虫の農薬としての機能は線虫自身ではなく，線虫に共生している共生細菌によるのである．ここにも人知れず「寄生共生マトリョーシカ」（第1章参照）が存在していたのだ．実験的には共生細菌は害虫体内に放出後，48時間以内に害虫を死滅させ，また実用的には通常線虫散布から防除効果が現れるのに2～4週間程度かかるようだ．線虫は共生細菌により分解された害虫の組織や共生細菌を摂食し，成長，交尾産卵し，次世代の線虫となり次の宿主を求めて土壌中を拡散していく．

一方で線虫は植物を宿主にするものもおり，さらにそれらの中には農作物に寄生し，農業に被害を与えるものもいる．この場合は線虫が農薬によって防除される対象となり，パスツーリアと呼ばれる細菌（*Pasteuria penetrans*）が生物農薬として用いられている．また，植物に共生するアーバスキュラー菌根菌（グロムス門（Glomeromycota）に属する真菌の一種）という真菌の一種はミネラルや水分を効率よく植物に届ける機能を有しており，肥料の節約に使えるのではないかといった研究もなされている．寄生虫は農業の分野においてもさまざまな立場でヒトの役に立ったり害を及ぼしたりしているのだ．〔永宗喜三郎〕

文　献

審良静男・黒崎知博：新しい免疫入門—自然免疫から自然炎症まで，講談社ブルーバックス，2014.

藤田紘一郎：笑うカイチュウ，講談社文庫，1999.

Shimokawa, C. *et al.*：Suppression of obesity by an intestinal helminth through interactions with intestinal microbiota. *Infect. Immun.*, **87**（6）e00042-19, 2019

あとがき

Stunkard (1937) が,“50 年間の謎の解明”と銘打って,ササラダニ類 *Galumna* sp. が拡張条虫 *Moniezia expansa* の中間宿主となることを *Science* に報告した.ササラダニ類は落ち葉を食べ分解し,良い土を作る自由生活性のダニである.家畜の拡張条虫は,糞便と共にその虫卵が排出され,その虫卵を牧草地のササラダニが摂食し,ダニの体内で擬嚢尾虫となる.羊が直接,卵を摂食しても感染しないが,牧草とともにダニを食べると感染してしまう.それまで,家畜の生産性を低下させる拡張条虫の感染経路が全く解らなかったのである.磯田ほか (1996) によれば,ササラダニは朝,羊が牧草を食べ始める時間ぴったりに,牧草の上によじ登る.枯死した牧草を食べるダニにとって,牧草の上によじ登る必要は全くないにもかかわらずである.解明されていない不思議な行動である.

僕の研究テーマのひとつはダニだ.今回,編集に関わることが出来て,本当に面白かった.寄生虫最高！

先日,朝日新聞に「ダニ,最後まで添い遂げた　日本産トキといっしょに絶滅」というトキウモウダニの絶滅の記事を掲載していただいた (*Column* 10 参照).読者からは「添い遂げた」が何とも涙を誘ったという声もいただいた.

現在,多くの生き物が,絶滅の危機に瀕している.例えば,ツガルザリガニミミズは,宿主のニホンザリガニよりも絶滅が危惧されていて,絶滅危惧 I 類である.本種は,津軽半島北部の限られた地域に分布する絶滅危惧 II 類ニホンザリガニの外部寄生者で,現在生息が確認されている場所は 2 本の小河川だけである.このごく僅かにのこっている小川のニホンザリガニ個体群がいなくなったら,地球上からツガルザリガニミミズは,永遠にいなくなってしまうのである.

本書を読むと,寄生虫たちは「想像を絶する過酷な環境」,つまり,生きている動物の中に入り込むために,壮絶な進化を,超絶なストラテジーをもって適応してきたのではないかと思う.拡張条虫がササラダニを牧草の上に登らせたり,類線形動物ハリガネムシが,宿主の脳にタンパク質を注入・操作して水に飛び込ませ宿主の尻から脱出したり,糸状菌である冬虫夏草 (広義) がアリをコントロールして胞子を飛ばす適切な場所まで移動させてからこれを殺し,子実体をつくったり，ついには，その冬虫夏草に寄生する冬虫夏草もいる（私たちも新種記載した）．だからこそ，ツガルザリガニミミズをはじめ多くの寄生虫たちには，どうにか，絶滅の危機を回避して頑張って欲しいと思う．

さて，寄生虫たちが頑張っているその横で，僕らはのんびりしすぎている．僕たちも寄生虫たちに負けないように頑張ろう！　寄生虫最高！

島野智之

本書のサブタイトル“この素晴らしき，虫だらけの世界”について考えてみる．寄生虫は医学や獣医学の立場からみると病気を引き起こす怖い存在であり，決して素晴らしいものではない．また，これらの分野で扱われる寄生虫の多くは，衛生環境の改善や駆虫薬などの対策により減少傾向にあり，寄生虫だらけの状況でもない．一方で，本書はヒトや家畜だけでなく，様々な生物の寄生虫（寄生生物）を紹介している．彼らが好みの宿主を見つけ，特定の臓器に辿り着き，姿形を変え，巧みに宿主間を渡り歩く珍奇な生き様には，怖さよりも面白さや不思議議さを感じていただけたのではないだろうか．さらに個々の寄生虫を理解しようとすると，その宿主の分類や生態や，さらには生息環境まで知りたくなってきたのではないだろうか．ミクロな寄生虫には，いわば自然界を俯瞰するようなマクロで素晴らしい世界が詰まっているのである．本書の付録として，寄生虫の採集方法を紹介している．身の回りの生物であってもその体内や体表，ウンチを調べると普通に寄生虫が見つかる．身近な寄生虫であっても，宿主とともに進化し適応したユニークなものばかりである．是非，虫だらけの世界を実際に体感していただき，彼らの素晴らしくて不思議な世界を覗いてみて欲しい．

最後に，思い返せば私と寄生虫との出会いは，サナダムシを体内で飼育する奇妙な研究者のとある書籍である．その内容に度肝を抜かれ，一晩で読み終えてしまったことは今でも覚えている．まさか，その私が，寄生虫に関する書籍を多くの著名な先生方と一緒に上梓させていただくことになるとは，本を薦めてきた母も想像もしなかったことだろう．本書の読者は，少なからず寄生虫に興味のある方だと思うが，さらに寄生虫沼にハマっていただけたら幸いで，あまつさえ寄生虫学者を志す学生が一人でも現れることを願うばかりである．

常盤俊大

付　録　採集指南

■身近なところの寄生虫！

寄生虫は珍しい生き物ではなく，身近な野山からスーパーの魚売り場までさまざまな場所で見つけられる．そんな身近な寄生虫，あなたも探してみませんか？

■魚にも寄生虫！

どんな魚介類を買ったらよい？　買ったらどうしたらよい？

どんな魚にも基本的に寄生虫がついているが，スケトウダラ，サバ類，サンマ，アサリが手に入りやすく寄生虫を観察しやすい．スーパーや魚屋さんで売っているものでよいが，寄生虫は内臓によくついているので，内臓もまとめて１匹買うのが望ましい．

魚の内臓はどんどんいたんで溶けてしまうので，魚を購入したらただちに解剖する．きっと，アニサキスをはじめとした寄生虫が出てくるはずだ．

・・・〈用意するもの〉・・・

アニサキス

観察しやすい魚介類：スケトウダラ，マサバ・ゴマサバ

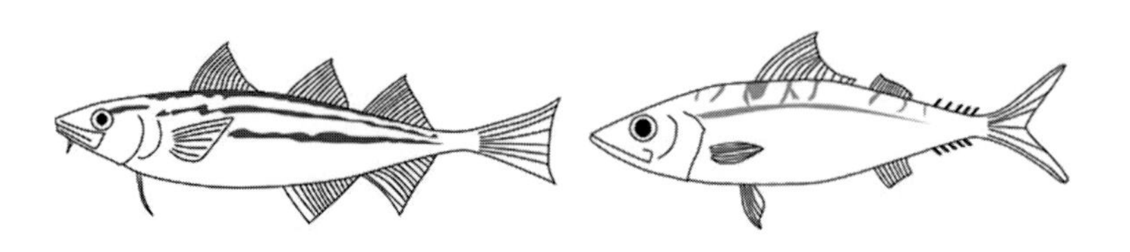

魚の解剖手順（魚の内臓の観察）

アニサキスは腹腔膜や内臓の表面によくみられるので，キッチンバサミを使って解剖する．

① 肛門からハサミを入れて，胸鰭（むなびれ）の下まで切れ込みを入れる（点線）．

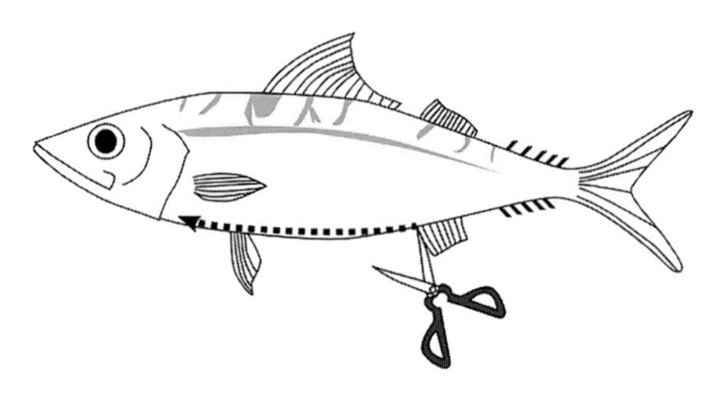

② 胸鰭と肛門から背側に切れ込みを入れて（点線），ふたを開けるようにハラミを取り除く．

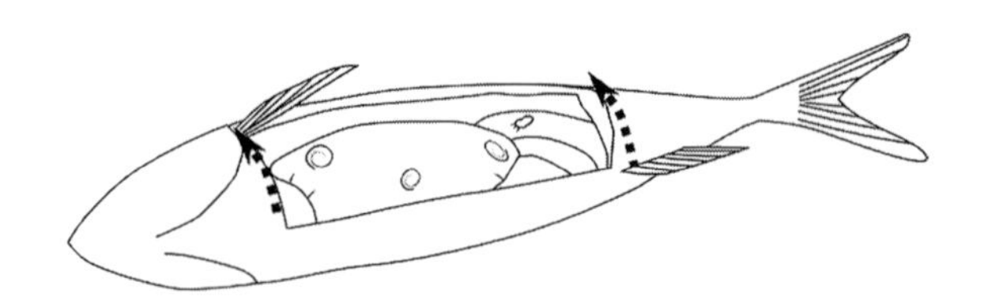

アニサキスを探してみよう

腹側を開いたら，内臓や腹腔の表面をよく観察してアニサキスを探してみよう．まずは写真を撮ったり，スケッチしたりして，魚のどの器官にどのように寄生しているかよく観察する．

しっかり観察したあとは，ピンセットを使って丁寧にアニサキスを魚から離していく．虫体を傷つけないように注意すること．

取り出したら，生理食塩水で魚の組織と血を洗い流し，ルーペや実体顕微鏡で虫体を観察する．虫が生きていれば，ゆっくり動く様子が観察できるはずだ．生理食塩水に塩酸をちょっと入れると胃と勘違いして動きが活発になるので，試してみよう（塩酸は，必ず理科の先生や大人と一緒に使おう）．

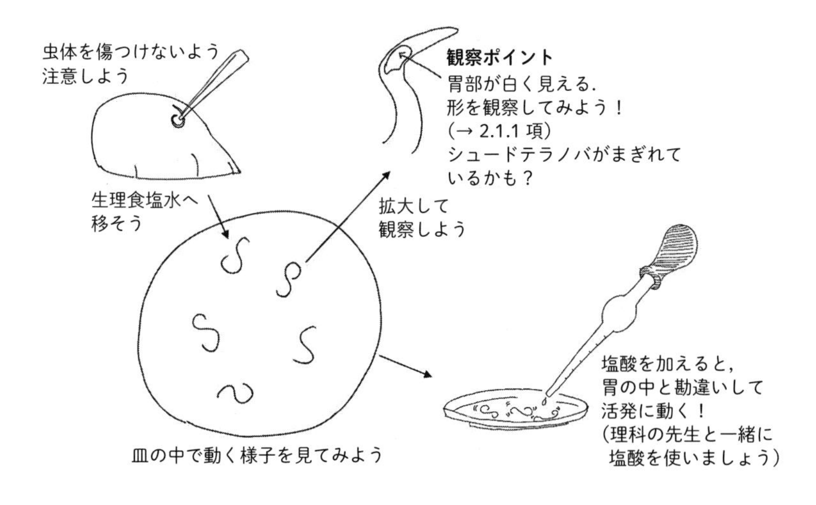

サンマヒジキムシ

観察しやすい魚介類：サンマ（矢印がサンマヒジキムシ）

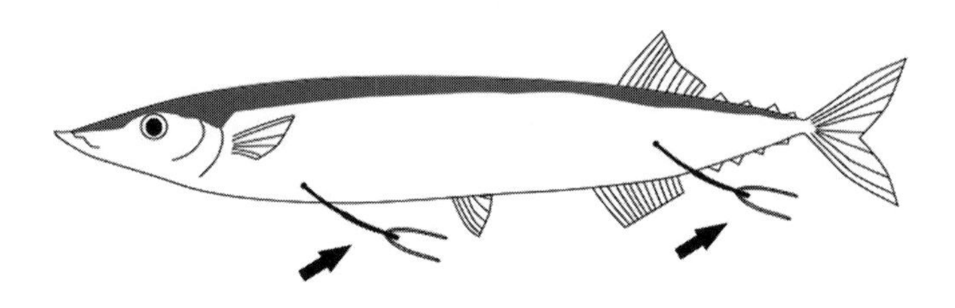

サンマヒジキムシは，サンマの体に頭を突っ込んでいる．ピンセットで虫体を引っ張ってもとれないので，デザインナイフやカッターを使って周りの肉を少しずつ切っていこう．そうすれば，下図のような全体像が見えてくるはずだ．

カクレガニ

観察しやすい魚介類：アサリ

生きたカクレガニを取り出すには，アサリの殻を閉じる筋肉（閉殻筋）を切断する必要がある．閉殻筋を切るのは難しいので，加熱してアサリの殻を開けてしまうのもよいだろう．

カクレガニがアサリに
入っているようす

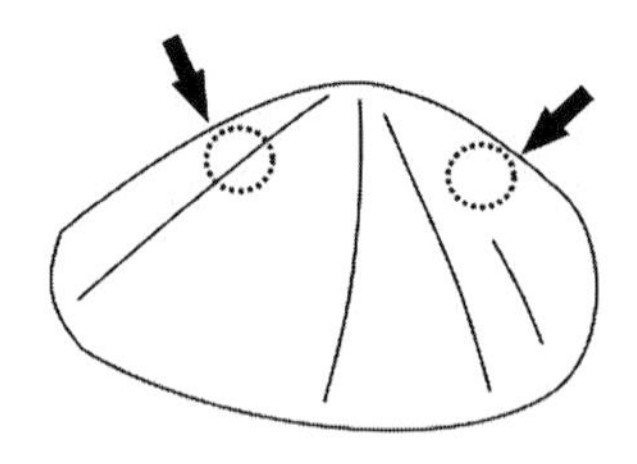

閉殻筋の位置

■野山にも寄生虫！

野山にはさまざまな哺乳類や鳥類，節足動物が生息しているが，それらにもさまざまな生物が寄生している．

動物の体内の寄生虫を検査するのは困難だが，体表に寄生している生物や，宿主から一時的に離れて生活している寄生虫であれば，動物を捕獲したり解剖したりすることなく観察することができる．ここでは，比較的分布域が広く，採取が容易な寄生虫を見てみよう．

・・・〈用意するもの〉・・・

採取にあたっての注意

野山には，野生の哺乳類や爬虫類のほか，吸血性の昆虫やダニ類など，ヒトに危害を及ぼす生物がいる．このうちマダニやツツガムシは，それ自体が吸血するだけでなく，各種病原体を媒介する恐れがある．野山に立ち入る際には，必ず長そでで，長ずぼん，絞り口付長靴を着用し，虫除けスプレー（有効成分がディートあるいはイカリジンのもの）を体に噴霧し，ダニによる咬着を防ぐようにする．

動植物の採取が禁止されている地域は，たとえ寄生虫であっても申請が必要かもしれない．事前に確認しておこう．

マ　ダ　ニ

観察しやすい方法：フランネル法（旗振り法）※

多くのマダニ類は，植物や地面で待機し，宿主が通過するのを待っている．フランネル法（旗振り法）と呼ばれる採取法は，待機しているマダニ類を採取する方法で，布を地表に接触させながら歩き，布に付着したマダニ類を回収する．採取に使用する布は白色（ダニを目視で確認しやすい），ネル生地（起毛加工されたものでダニが掴まりやすい），大きさ 50 〜 90 cm サイズで，一辺を折り返して袋状にし，棒を取り付けて旗のようにするとよい．

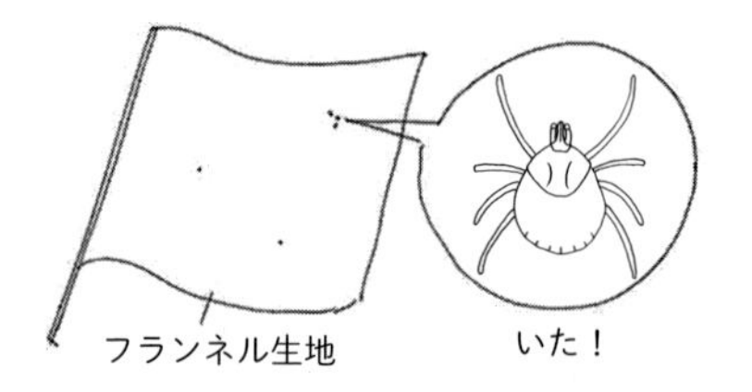

マダニはピンセットで回収し，ペットボトルなどの密閉できる容器に入れて観察する．容器のふたをあけて，息を吹きかけて行動を観察しよう．拡大して見たいときは，70％エタノールを入れてマダニを固定してから，ルーペや実体顕微鏡で観察しよう．

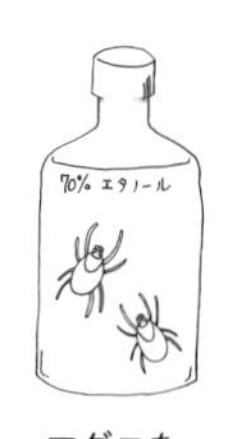

※　フランネル法のほか，葉をめくり，裏側で待機しているマダニを探す方法や，鳥の古巣をバッド内で破砕し目視でマダニを探す方法がある．

ウモウダニ

観察しやすいもの：落ちている鳥の羽

ウモウダニ類は，鳥類の羽で生活している（相利共生と考えられている）．このダニは，地面に落ちている羽からも見つかることがある．特に落ちたて新鮮な風切羽や尾羽がおすすめだ．ダニは小さいので，ルーペや実体顕微鏡を使って観察しよう．

ヤマビル

観察しやすい場所：山地の森林の湿潤な場所

大きさ2～8 cmの吸血性のヒルで，地面の上で待機して宿主の動物が通りかかるのを待っている．みかけたら観察してみよう．ヤマビルは，熱や振動，二酸化炭素を感知し，ヒトや動物に接近する．ヤマビルを捕まえたら，ペットボトルなどの容器に入れて，息を吹きかけてみよう．

地面の上を歩くようす

息をふきかけてみよう．
ヤマビルは反応するか？

■寄生虫を標本にするには？

生きたものを観察したあとは，標本びんなどの液漏れしない容器に消毒用アルコールとともに入れて固定・保存しておけば，永久に保存できる．アルコールが蒸発したらその都度継ぎ足す．下図のようなラベルを作って標本ビンの中に入れておくと，あとで見返したり調べなおしたりしやすくなる．

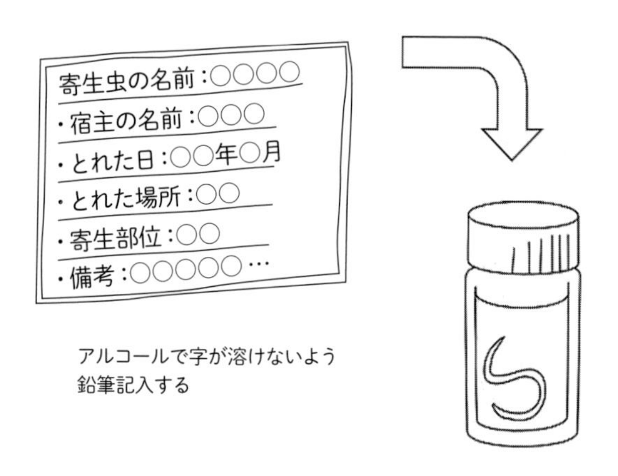

ラベルの作りかた

ラベルには，できるだけ詳しく記録をつけておこう．その寄生虫がどのように宿主の動物に寄生していたか，情報を整理できる．

① 寄生虫の名前：寄生虫の和名や学名を書く．種までわからない場合は，属や科までのわかる範囲で十分だ．

② 宿主の名前：宿主の和名や学名を書く．買ってきた魚の場合，名前が地方名で売られていることもあるので，図鑑などで一般的な和名を調べてみよう．

③ 採集情報：宿主を採集した地名と日付をできるだけ詳しく書く．買ってきた魚の場合は，とれた産地を記録して，購入日も忘れずに書いておく．

④ 寄生虫の寄生部位：宿主についていた寄生虫は，体のどの場所にいたか詳しく記録する．たとえば，内臓表面からとれた場合，どの内臓だったか，わかる範囲で調べて記録する．内臓の名前がわからなくても，寄生している状態の写真を撮っておけば，あとで調べなおすこともできる．

⑤ その他，備考欄を作っておいて，気づいたことを書いておこう．

■寄生虫を撮ろう！

標本にすれば寄生虫を末永く保存できるが，寄生していたときの様子，色，動きなど，失われてしまう情報もある．そういった情報を残すには，生きた寄生虫を撮影しておけばよい．デジタルカメラやスマートフォンで，以下のポイントに注意して撮影をしてみよう．

①宿主と一緒に記録

宿主と一緒に，寄生部位がわかるように撮影するのがポイントだ．スケールを並べておくと虫の大きさがわかりやすい．

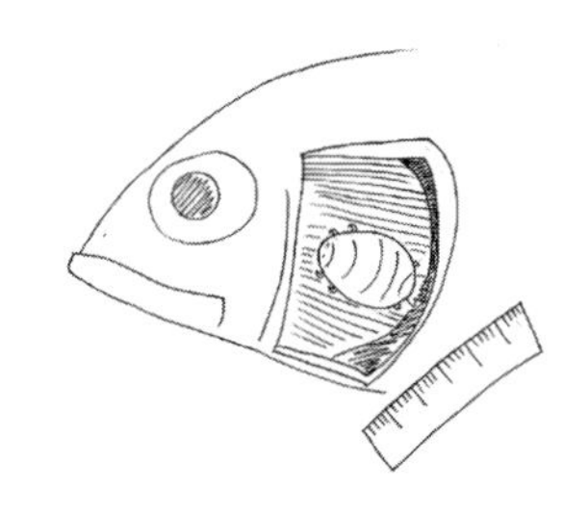

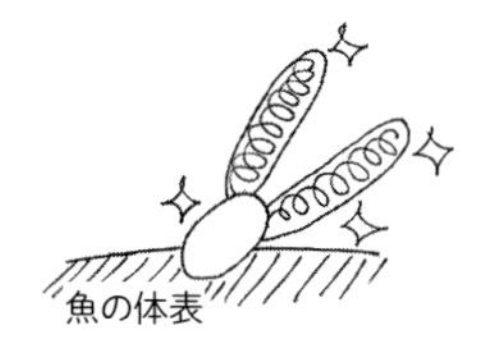

②色を残す

カイアシ類の仲間などは体色がとてもきれいだが，ホルマリンやエタノールに入れると色が抜けてしまう．ぜひとも色を写真に残しておきたい．

③動画で撮る

アニサキス，マダニ，ヤマビルなど，よく動く寄生虫は動画で撮影してみよう．スマホスタンドがあれば，手ブレなく撮影できる．

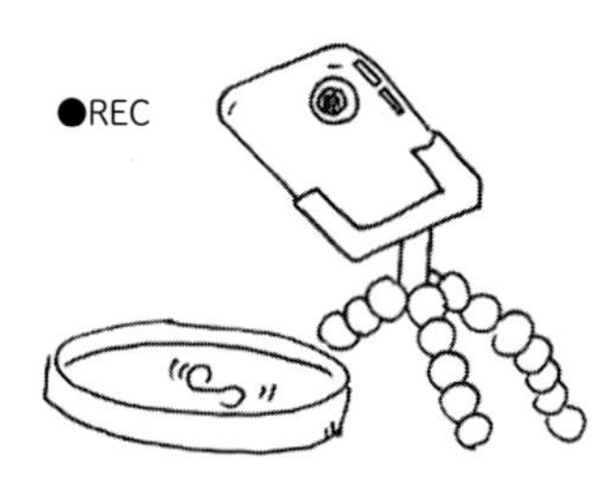

〔脇　司・常盤俊大〕

索　　引

欧　文

ア　行

タ 行

ナ 行

ハ 行

マ　行

ヤ　行

ラ　行

編者略歴

永宗喜三郎（ながむね きさぶろう）

1967年　広島県に生まれる
1996年　大阪大学大学院医学研究科博士課程修了
現　在　国立感染症研究所寄生動物部第1室室長
博士（医学）

脇　司（わき つかさ）

1983年　大分県に生まれる
2014年　東京大学大学院農学生命科学研究科修了
現　在　東邦大学理学部講師
博士（農学）

常盤俊大（ときわ としひろ）

1983年　東京都に生まれる
2013年　東京医科歯科大学医歯学総合研究科博士課程修了
現　在　日本獣医生命科学大学獣医学部講師
博士（医学）

島野智之（しまの さとし）

1968年　富山県に生まれる
1997年　横浜国立大学大学院工学研究科博士課程修了
現　在　法政大学自然科学センター教授
博士（学術）

寄生虫のはなし
—この素晴らしき，虫だらけの世界—

定価はカバーに表示

2020年10月1日　初版第1刷
2023年3月25日　第3刷

編　者　永宗喜三郎
脇　司
常盤俊大
島野智之
発行者　朝倉誠造
発行所　株式会社 朝倉書店
東京都新宿区新小川町6-29
郵便番号　162-8707
電　話　03(3260)0141
FAX　03(3260)0180
https://www.asakura.co.jp

〈検印省略〉

新日本印刷・渡辺製本

ISBN 978-4-254-17174-7　C 3045　Printed in Japan